構建邏輯、傳達清晰、影響決策，掌握商業文案和有效溝通的策略

麥肯錫

文案寫作與溝通技巧

謝東江 ——著

MCKINSEY

Techniques for Copywriting & Improve Communication Skills

掌握會議談判高效溝通策略，提高說服力！
系統性學習結構化思維，清晰呈現複雜觀點！

結合真實客戶案例，將理論與實務完美融合

針對各行各業，全面提升溝通與企劃書寫作競爭力
探索麥肯錫的專業寫作與溝通祕訣，提升商業表達力

目錄

目錄

第三篇　狂工作不等於工作狂

第一章　「事實」是最好的朋友

目錄

序言　你是潛在的麥肯錫星人嗎？

一家大型鋼鐵公司的總裁遇到麻煩，他非常明確地制定了公司發展的目標，但卻不知道如何去實現。幾天後，一位諮詢顧問坐在他面前，承諾可以在 30 分鐘內給他一個方法，這個方案至少能把公司的業績提高 50%。隨後總裁被要求在紙上寫下第二天要做的六件最重要的事。寫完之後，諮詢顧問又要求總裁給這六件事依次標明對公司的重要性次序。諮詢顧問接著說：「把這張紙條放在口袋裡，上班後將紙條拿出來，只看第一項，只做第一項，直到完成。然後用同樣的方法做第二項、第三項……直至下班。如果最終你只完成了五件或者四件，那也沒關係。因為你總在做著最重要的事。」整個會面時間不超過半小時。

幾星期後，諮詢顧問收到了一張 2.5 萬美元的支票和一封信。總裁在信裡說，如果可以用金錢衡量，那將會是他一生中最超值的一課。

把自己的思想裝進別人腦袋，把別人的錢裝進自己口袋，這兩件世界上最難的事，此時變得如此輕鬆。這位優秀的諮詢顧問就是利爾森·霍金斯，他來自全球最著名的管理諮詢公司 —— 麥肯錫。

自 1926 年成立至今，麥肯錫管理諮詢公司在全球 44 個國家和地區開設了 84 個分公司，目前擁有 9000 多名諮詢人員，分別來自 78 個國家，均具有世界著名學府的高等學位。業務網路遍及全球，被《財富》雜誌評價為「世界上最著名、最嚴守祕密、最有名望、最富有成效、最值得信賴和最令人羨慕的企業諮詢公司」。

麥肯錫之所以被稱為「諮詢界的路標」，與其創立了許多有效的企業管理規則並恪守這些規則是分不開的。這些規則用「實際、全面、靈活」

序言　你是潛在的麥肯錫星人嗎？

來描述最恰當不過。對於每一個麥肯錫人來說，這些高效、具有普適性的管理規則都非常寶貴。許多人在離開麥肯錫進入其他公司之後都會擔任要職。例如，運通公司、IBM 公司、西屋電氣公司的高階管理人員中有許多都曾經是麥肯錫的僱員。

成功不可複製，但是卻可以借鑑。實際上，任何企業、任何人都可以運用麥肯錫的智慧，創造出屬於自己的神話。如果你時常期望能掌握一種更簡潔、更高效的方法來應對生活和工作中的種種麻煩，毋庸置疑，你就是潛在的麥肯錫星人。只需要一些來自麥肯錫邏輯的點撥，你會發現，你將很快成為自己期許中的樣子。

本書力圖清楚明白地講解富含麥肯錫特色的思維方法和理念，為讀者解讀麥肯錫高效的文案寫作方法和溝通技巧。同時，穿插了一些有代表性的麥肯錫客戶案例來做具體說明，並在「實施指南」中詳細地指導讀者如何在實際工作和生活中靈活運用這些麥肯錫方法。

第一篇
寫作，思想的實體化

幾乎每個職場人士都會遇到商務文案寫作的情況，不管是做會議紀錄、專案規劃、還是寫招標書，都需要拿出邏輯性很強的文采來。商務文案既逃不開語言的藝術這一範疇，也與邏輯思維關係密切。

一個人的思想是否能完美呈現給別人，寫作能力的培養不可小覷，本篇將從金字塔結構、MECE法則「Mutually Exclusive Collectively Exhaustive（相互獨立，完全窮盡）」、一圖明一事等麥肯錫招牌經驗來對商務寫作的竅門娓娓道來。

第一章
內容安排合理，思想才能精彩呈現

內容為上，是一篇商務文案是否具有實用價值的關鍵所在。就算洋洋灑灑幾萬字，如果出現課題跑偏、結構安排不合理、資訊選擇有誤、有重複遺漏等問題，那麼就不能算是成功的文案。

特別提醒您：重視內容的安排是嚴謹工作態度的展現，思想的精彩之處唯有站對了位置才能耀眼綻放，搞定了課題、主題、序言、正文、方案、總結，便可以使你的文案熠熠生輝。

一切都應在計劃之內

所有的假設、分析、數據收集與詮釋，都應該變成通俗易懂的簡報，也就是商務文案，然後提交給決策者或重要關係人，這樣它們才能實現自己的存在價值，變成對人有助益的事物。撰寫商務文案絕不是提筆就來的事情，不能輕率，對其持有馬虎態度的人通常都會功虧一簣。因此在動筆設計文案之前，腦子裡要有具體的最終產品，這便是列出商務文案的寫作計劃的過程。如此才能有的放矢地做到按時交付、不重複、不遺漏。

實施指南

當你開始利用所有問題和子問題來界定最初假設的時候，便是你全面展開文案寫作計劃的時候，你不僅需要列出每一個問題和子問題的內容，還需要做點其他非常必要的事情，具體如下：

1. 與答案有關的初始假設

這可以避免讓初始假設跑偏。

2. 對假設證實或證偽進行的各項分析和它們的優先次序

這樣不僅清楚哪些必需的分析和假設有牽連，而且知曉其前後次序。

3. 分析上述所需的數據，數據的可能來源是面談、普查數據、目標群組等

對數據來源頭的盲目，只會導致手足無措，因此務必有備而戰。

4. 對可能得到最終結果的每項分析做簡要的描述

在心裡理順一下每項分析的前景，預測只會益於工作。

5. 負責每項最終產品的人是某位團隊成員還是你自己

這會直接關係每項最終產品的優劣，因此必須遴選賢能。

6. 最終產品的交付日期

準確時間可以制約拖延，同時也是負責任的展現。

值得一提的是，麥肯錫的觀念是將溝通技巧和文案寫作連繫在一起，你在動筆之前也應該做好某些需要注意的事項：

▌確定以結構化的文案內容來呈現想法

毋庸置疑的是，商務文案與廣告推銷有極大的相似之處。可以令還不算成熟的點子獲得重視的是好文案；使好點子埋沒的則是規劃不佳的文案；而通常可以事半功倍的是利用圖表與邏輯結構來呈現想法的那些絕佳文案。所以從一開始，你就應該立下一個原則：我要我的文案完全在結構化的引導下來實現。

▌事先與重要的決策者溝通好，避免文案內容令人太過意外

實際上，一個好的文案並不是我們的最終目的，它本質上只是一種溝通工具，是一種媒介，我們的目的是如何利用它來聯通彼此的思想，使其和諧一致，達成共識。所以做得再好的文案，如果在內容上缺乏溝通，不能令客戶或上司滿意，那麼它也就失去了意義，再多的努力也是徒勞無功。一般人往往對令人吃驚的事情不喜歡，尤其是那些或許會迫使決策者將計劃或程式做以改變的訊息。因此，將正式的大型文案提出之前，應該

先與重要的決策者接觸一下，把可能的看法與其溝通好，如此一來，文案
獲得順利透過的機率就會較大。

▌事先對文案的對象有所了解，以便調整文案形式

　　根據文案對象的偏好可以將文案形式進行調整。畢竟，對於這個問題
不是所有人都會有相同的知識或背景；再者，或許他們對某種形態的文案
方式較為偏好。所以，要想順利寫好整個文案，對文案的對象的需求、偏
好及背景一定要事先進行了解。

掌握課題範圍，別走錯了方向

依照問題的類型，我們可以將商務文案中的提案分為以下七種課題（在破折號之後的內容）：

⊙ 恢復原狀型問題 —— 根本措施、應急處理、防止復發策略
⊙ 預防隱患型問題 —— 預防策略、發生時的應對策略
⊙ 追求理想型問題 —— 選定理想、實施策略

但商務文案對提案以外的各項課題涉及的比例還很大。例如，如果你是會議紀錄者，你是不會將其內容設定為解決問題的故事展開型，會議紀錄應該是各種記述資訊的大集合，而提案則是以解決問題為主旨和內容的，這兩者的課題截然不同。但即便是解決問題的文案，也不一定都是提案型的。

倘若我們正在處理恢復原狀型問題，而一份以「掌握狀況」為課題的文案或許是你需要的；你的主要課題在另一份文案中可能變成「分析原因」；還有就是，在文案中你一定要指出表象問題後面的潛在問題，此時解決問題就不是你的課題，而是把真正的問題是什麼指出來。

因此，對課題範圍的掌握程度越好，你越可以避免走錯方向。

實施指南

「發現問題」與「設定課題」是在對問題解決的過程中經常被提到的重要步驟。當我們無從發現問題所在時，是根本沒辦法開始解決問題的過

程的；假如對具體的課題沒有設定，那麼解決的方向也就找不到了。所謂「發現問題」，就是指設定問題的類型是恢復原狀、預防隱患還是追求理想？由這三個主要問題延伸出的相應問題和策略才是「課題」，它的分類要比你所發現的問題更多，因此所謂「設定課題」實際上指的是選定「課題範圍」。

你一定要視情況來決定應設定給商務文案什麼樣的課題。這不僅需要對問題是哪一種類型十分明確，並且對解決課題的範圍也應該掌握於心，如此一來，發現問題和設定課題的效率就可以大幅提升。

我們下面將問題類型、課題範圍做一個梳理：

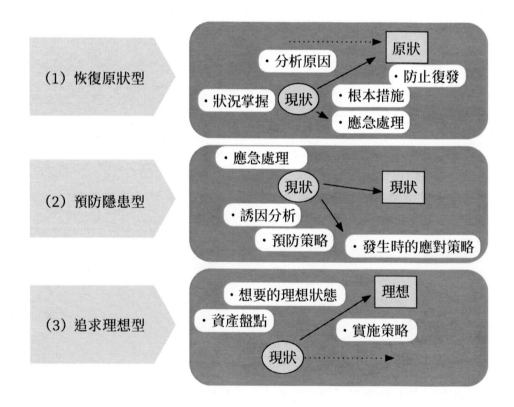

▌針對「恢復原狀」，核心課題是「掌握狀況」

恢復已損壞的東西到原來的狀態就是「恢復原狀」。當關鍵主題是解決恢復原狀型問題時，那麼關鍵問題也就是需要處理的課題範圍便會如下所示：

- ⊙ 掌握狀況 —— 是怎麼損壞的？
- ⊙ 應急處理 —— 如何防止狀況惡化？
- ⊙ 分析原因 —— 為什麼會壞掉？
- ⊙ 根本措施 —— 知道原因後，如何做才能復原？
- ⊙ 防止復發 —— 應該怎麼做，以後才不會又損壞？

「掌握狀況」是恢復原狀型問題的核心課題範圍，繼而是「分析原因」和「根本措施」，而一般情況大致是這樣。但某些情況下，一定要先實行其他的關鍵主題，也就是優先思考一下「應急處理」的課題，以防止狀況繼續惡化。

▌「預防隱患」時，核心課題是「誘因分析」和「預防策略」

目前沒有明顯的問題，可放任不管會讓事情變得很糟糕便是「預防隱患」。當關鍵主題是解決預防隱患型問題，那麼關鍵問題也就是需要處理的課題範圍，如下所示：

- ⊙ 假設不良狀態 —— 不希望事物以何種方式損壞？
- ⊙ 誘因分析 —— 何種誘因導致損壞？
- ⊙ 預防策略 —— 如何防止不良狀態發生？
- ⊙ 發生時的應對策略 —— 發生時，如何將不良的程度降到最低？

對預防隱患型問題的解決課題範圍進行思考時，往往混為一談的是預防策略與發生時的應對策略。將不良狀態的發生機率降低是預防策略的目的，而為了將已經產生的傷害降至最低則是發生時的應對策略。例如，抬頭望天感覺快下雨了，怕被淋溼，所以出門帶著傘，這便是預防策略。怕被淋溼而帶著替換的衣物，這則是發生時的應對策略。因為完美的預防策略不易想出來，所以對問題發生時的應對策略加以思考就極為重要。

「追求理想」時，核心課題是「選定理想」和「實施策略」

在未來某事物不會發展成不良狀態、可還想改善現狀就是「追求理想」。當關鍵主題是解決追求理想型問題，關鍵主題的涵蓋範圍便是以下所示：

⊙ 資產盤點 —— 自己的強項和弱項是什麼？

⊙ 選定理想 —— 根據實力決定目標

⊙ 實施策略 —— 決定達成目標的順序

重要課題的範圍在你將問題類型確定了之後也就自動鎖定完畢。假如用金字塔結構說明的話，就是先決定關鍵主題的問題類型，關鍵主題的課題範圍自然而然地就被限定了。繼而將目前最重要的主題從裡面選出來就行了。核心問題的類型一旦確定，且依照順序來排列課題範圍，在文案設計上被反映出來之後，你便可以展開敘述簡明易懂的故事了。對方看到這樣的文案，也就能立刻清楚問題是什麼，知道你提出了什麼解決方案。

麥肯錫法寶：金字塔結構

　　讀者如果想透過閱讀你的文章、聽你的演講或接受你的培訓來了解你對某一問題的觀點和看法，那麼，他面臨的將是一項複雜的任務。因為讀者必須閱讀全篇文章，思索透每一句話，找出每句話之間的關聯，然後前前後後地反覆思考，才能理解你的觀點。因此，即使你的文章篇幅很短，哪怕是連兩頁紙都寫不滿，句子也不會超過 100 個，他也需要花費很多的時間和精力把上面的程式走完。

　　好的文章結構會讓讀者思路清晰。金字塔形結構就是一種不錯的文章結構，下面這個圖形所展示的就是金字塔結構。從圖中我們可看出，金字塔形結構的文章，其思路是從金字塔頂部開始，自上而下，逐層向下擴充套件，讓讀者比較容易讀懂。

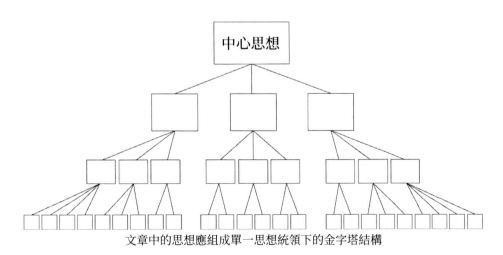

文章中的思想應組成單一思想統領下的金字塔結構

上述現象也展現了人類思維的一個基本規律：那就是大腦能將其認為具有「共性」的任何事物（金字塔結構）歸結在一起，以便理解和記憶。因此，繞過將溝通內容預先歸納到金字塔結構中，就會更加容易被人理解和記憶。

因此，有意地將溝通內容組織成金字塔結構是一個不錯的選擇，說話、演講、培訓、述職、報告和寫文章、申請、總結、計劃、方案等，無論是口頭表達，還是書面表達，都可以進行金字塔結構歸結。

實施指南

當你開始寫作時，經常會碰到這樣的情況：你只知道大致要寫什麼，但卻並沒搞清楚想具體表達什麼，以及表達的方式是什麼。即使你知道你最終要表達的觀點必定會組成一個金字塔結構，你仍然也會有這種不確定的感覺。

因此，假如一坐下來你就企圖把思想組織成完整的金字塔，那簡直是在做夢。你必須先把你想表達的思想進行梳理，然後再尋找有效的方法把你的思想表達出來。這是因為，無論讀者有多高的智商，可是他們可利用的思維能力都是非常有限的。一般情況下，讀者的思維能力通常用於進行三項活動：一是用於識別和解讀讀到的詞語，二是用於找出各種思想之間的關係，三是用於理解所表述思想的含義。有效的文章表達方法能減少讀者用在前兩項活動上的時間，這樣就能使讀者用最少的腦力來理解你表達的思想。反之，假如讀者在拜讀你的大作時，必須不斷地在上下文中來回尋找某種關聯，這就說明你呈現思想的順序是不當的。如果讀者必須不斷地尋找句子之間的邏輯關係，他們大多會感到厭煩和反感。

了解掌握了以上知識，你就可以自下而上或自上而下地建構文章的金字塔結構了。

▌自上而下法建構文章的金字塔結構

　　自上而下法能非常好地把讀者的注意力吸引過來。透過縱向關聯，你可採用一種疑問回答式的對話，讓讀者產生極大的興趣，讓他們更樂意了解你的思路進展。為什麼你敢肯定讀者會對你的觀點感興趣呢？因為這種縱向關聯能促使讀者按你的思維產生符合邏輯的反應。你繼續不斷地按照「引起讀者疑問並回答疑問」的方式繼續往下進行，直到你認為讀者不再質疑你的新表述為止。

　　當考慮如何表述下一結構層次時，必須確保你的表述能回答其上一個層次表述引起的疑問，同時，還必須確保表述符合邏輯。若作者事先已經將想表述的觀點進行了歸類和概括，而且還是按自上而下的順序呈現，那麼讀者就會更加容易理解了。

　　用自上而下法建構金字塔的步驟如下：

1. 畫出主題方框

　　這個方框就位於你文章的金字塔結構的頂部。把你想討論的問題填入方框內，如果你還不知道討論的主題是什麼，請跳到步驟2。

2. 設想主要疑問

　　你的文章面對的對象是讀者，要回答的問題是讀者腦中對於該文章主題的疑問，把讀者的疑問確定下來後，請寫出來，否則請跳到步驟4。

3. 列舉對該疑問的回答

　　如果你對答案還不清楚，請標明你有回答該疑問的能力。

4. 對「背景」做出說明

在這個階段，你需要證明，你有能力將該主要的疑問和答案論述清晰。具體做法是：首先，把要討論的主題與「背景」結合起來，做出關於該主題的第一個表述，當然這個表述一定是不會引起爭議的。關於該主題的表述可能有很多，那麼，哪些表述肯定不會引起讀者的疑問呢？你應該挑選讀者已經知道和認可的表述，或者根據以往經驗，很容易讓讀者就確認該表述是正確的。

5. 指出「衝突」

在這個步驟中，你已經與讀者開始進行疑問和回答式的對話了。此時，若讀者表示認同你的表述，點著頭說：「對，我知道這個情況，有什麼問題嗎？」你就應當考慮在「背景」中出現了哪些「衝突」能使讀者產生疑問呢？是出現了某個問題，發生了某種意外，還是出現明顯的不應當出現的變化？等等。

6. 檢查「主要疑問」和「答案」

介紹「背景」中的「衝突」，應當能直接引導讀者提出主要疑問（已在步驟 2 中列出），否則，你的介紹就是失敗的，應重新介紹。如果出現「背景」中的「衝突」與主要疑問對不上號的情況，就需要你重新進行構思。

以上步驟進行的目的，是確保你了解和掌握自己將要回答哪些疑問。一旦主要「疑問」確定下來，其他要素就會很容易在金字塔結構中各就各位了。

將上述內容精簡一下，自上而下法建構金字塔的步驟便是這樣的：

1. 提出主題。

2. 設想閱聽人的主要疑問。

3. 寫序言：背景 → 衝突 → 疑問 → 回答。

4. 與閱聽人進行疑問／回答式對話。

▌自下而上法建構文章的金字塔結構

自下而上法是指作者的思維從金字塔的最底部的層次開始，把句子按照某種邏輯順序組成段落，然後再把段落組成章節，最後把章節組織起來，成為完整的文章，而文章核心觀點（中心思想）則位於金字塔的最頂端。

由於你寫的每篇文章的結構肯定只支持一個思想，因此，你需要不斷地把與主題相關聯的單一思想進行歸類和概括，直到找不到可以繼續概括的內容。文章的這一思想就是你期望表達的思想，而所有你歸納和概括的眾多單一思想均位於主題思想之下，而且越往下越具體、越往下越詳細（這是針對正確建構文章結構來說的），這些單一思想對你希望表達的主題思想均有解釋和支撐的作用。如果你想看一下自己是否正確地建構了文章的結構，那就看一下你的思想是不是用金字塔結構相互關聯的。

需要注意，金字塔中的思想互相關聯的方式有三種：向上、向下和橫向。每一組思想的上一層次的思想，都是對這一組思想的概括，而這一組思想則是對其上一層次思想的解釋和支持。

文章中的思想必須符合以下規則：

1. 縱向：文章中任一層次所表述的思想，必須是對其下一層次思想的概括。

2. 橫向：每組中所表述的思想，必須屬於同一邏輯範疇，並且是按邏輯順序組織。

你最好能夠確定任何關鍵句的要點，但多數情況下你可能無法確定。別著急，使用自下而上法可幫你解決這個問題。自下而上法建構金字塔步驟如下：

1. 把你想表達的所有思想要點列出清單。
2. 把各要點之間的邏輯關係找出來。
3. 歸納總結，得出結論。

為主題定調

主題所要表達的是作者想傳達內容的範圍。某種程度上，主題與資訊的重要性等同，都是邏輯表現力的核心概念之一。有時候，主題類似於盛裝資訊的容器。正因為是容器，所以主題限定著資訊內容的範圍。

就像用真空袋裝東西，袋子與所裝的物品永遠不同。同樣，不管主題與範圍多麼接近，二者在本質上依然有別。雖然主題限制著資訊展開的範圍，但主題不是資訊。主題是有基調的，是一種集思想、內容、個性於一體的事物，有效地搭配資訊與主題，可瞬間提升對方的理解度。

實施指南

合理的主題要涵蓋大部分資訊的內容，且應該確保主題容量與資訊容量相匹配。

▌主題性質跟資訊種類要一致，相關資訊量要足夠多

設定主題時，需要考慮所涵蓋範圍的大小、時間軸、印象等因素。另外，主題與資訊種類是否能有效整合也是一個關鍵點。請看下面三則不能刪改的資訊：

「李小姐畢業於臺北的一所小學。」

「李小姐畢業於臺北的一所國高中一貫制中學。」

「李小姐畢業於臺北臺灣大學之後，進入企業工作。」

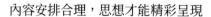
　　如何設定一個合理的主題將上述三條資訊涵蓋呢？有的讀者可能已經很快將主題確定為「李小姐的教育背景」。但也有人可能還在猶豫，考慮要不要將主題定為「李小姐的履歷」。嚴格來說，「李小姐的教育背景」作為主題更合理。

　　有人或許會提出質疑：前面幾句話確實都在描述李小姐的教育背景，但是最後那句「進入企業工作」，嚴格來講並不是教育背景的範疇。所以，就整體內容而言，以「李小姐的教育背景」來設定主題似乎太小了。這就像說，進入企業工作這個資訊，無法被主題容器所容納，已經滿溢了出來。

　　那如何才能做到滴水不漏呢？看上去我們需要換一個大點的容器，或者我們也可把「進入企業工作」這部分刪除。但是，我們已經在一開始就假定了這三個資訊都不能被刪改了。因此，我們只剩下換個更大的容器這項選擇了。所以，看上去我們只能選「李小姐的履歷」這項主題了。

　　換了一個大點的主題之後，確實能夠涵蓋以上所有資訊了，但是，新的情況又出現了，那就是容器的容量和內容物不匹配。滴水不漏的結果之一，就是容器大大超過了內容物。這種感覺，就像一個很大的容器卻只盛了一點點東西。假設資訊內容除了上面三則之外，又加上了諸如李小姐曾經在某處任職或者之後調任哪裡之類的資訊，再將主題設定為「李小姐的履歷」就合適多了。

　　案例分析到這裡，你或許已經明白了：主題與資訊在數量上的匹配度，才是選定主題的關鍵因素。

▌太長太短都不好，盡量別把主題寫得不倫不類

　　某種意義上，我不建議大家使用那種模稜兩可式的主題，比如說那種嚴格意義上既不算是資訊也不算是主題，但是卻具有資訊影子的主題。資訊就是資訊，主題就是主題，兩者最好有條理地分開使用。

　　所以，如果你想表達資訊，那就不應該使用「低迷的需求」這類短語式描述，而應該盡量使描述成為一句完整的話，比如「本階段的客戶需求屬於低迷期」；反過來說，如果你想表達主題，那就不應該使用「本階段的客戶需求屬於低迷期」這類句子式描述，而應該使用「需求狀況」或「需求低迷」這類簡潔易懂、歸納性強的短語。

　　雖然如此，有時基於某種特殊理由，比如說你的上司偏好在主題當中表達結論，所以你無法將主題和資訊截然分開，那也沒辦法，你只能盡量折中一下，多使用一些類似「擴大的市場」「強化的規則」等帶有資訊性的主題。

第一印象：序言

序言，或者叫做引言、前言、導言等，作用是概述讀者對此主題已知的資訊，並將這些資訊與文章所要回答的疑問之間的關係做一下簡介。之後，作者就能針對主要內容專心地講解了。

麥肯錫人認為，文章的序言最好採用講故事的方式，先介紹讀者熟悉的某些背景數據，再說明發生的衝突，由此才能引發讀者的疑問，繼而作者就可針對該疑問做出回答。這種故事式寫法能給讀者留下深刻的第一印象。一旦掌握了這種方法，你就能夠迅速構思出一篇較短結構的文章。

實施指南

這種講故事式的序言寫法，對於組織讀者已知的資訊數據很方便有效。這能讓讀者認識到，你在講解自己的新觀點之前，是和他們「站在同一位置上」的。那麼具體來說，它是如何發揮作用的呢？

我們應該知道，讀者對你寫的文章，哪怕它確實言之有物，剛開始都不會像讀一篇口口相傳的香豔熱辣的小說一樣感興趣。這是因為，即便讀者非常想了解文章的內容，並且切實相信文章對他們會有助益，他們也必須付出努力才能拋開其他先入為主的觀念，再來專注於你的文章。我們大家都有過這種經歷：當我們讀完了某篇文章起碼 3 頁的內容，才突然發現原來其實自己一個字也沒看進去。這是因為，我們還沒有完全拋開自己頭腦中原有的其他想法。因此，只有讀者在感受到強烈的吸引力時，才能暫時放下其他想法，而專注於你的文章。

所以，你必須想方設法讓讀者快速拋開其他思想，專注於你的句子。為了達到這一效果，你可以採用一種非常簡單的辦法，即利用懸而未決的故事營造一種懸念。比如，假設我對你說「深夜，最後一班捷運停運之後，準備下班的司機在車廂裡發現了一個靜坐不動的乘客……」不論你在讀這句話之前正在想什麼，讀完這句話之後，你的注意力肯定會被吸引。從心理學的角度來說，先向讀者傳遞簡單、扣人心絃的資訊，比讓他們在混亂的思想狀態下自己摸索出精彩之處，更容易使他們接受你的觀點。

▌序言的常見模式

如果你已經構思過各類文章的序言，具有了一定經驗，你就會發現，序言的寫法其實具有某些共同模式。以下四種模式是商務文章中最常見的：

1. 發出指示式

「指示」式序言是最常見的一種，主要是針對「我們應該做什麼」或者「我們應該如何做」等問句的回答，目的就是以簡明有力的語言來告訴或者要求某人做某事。通常情況下，作者不是要提醒讀者想起某個問題，而是要告訴他們某個問題。

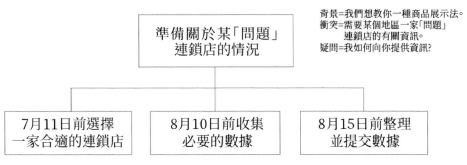

將疑問強加給讀者的發出指示式文章

如上圖所示，指示式序言通常包含以下結構：背景 —— 我們想做什麼；衝突 —— 我們需要你們做什麼；疑問 —— 我如何向你提供資訊。

2. 請求支持式

要求批准經費的申請是一種常見的商務文章。針對這一申請，讀者的疑問必定是「我應該批准這一申請嗎」。請求支持式序言可適用此類文章。

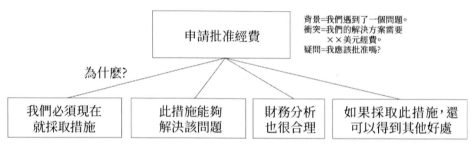

請求支持式文章的基本金字塔結構

如上圖所示，請求支持式序言通常包含以下結構：背景 —— 我遇到了某個問題；衝突 —— 我提供的解決方案需要多少經費；疑問 —— 我是否應該批准。

3. 解釋做法式

在提供諮詢時，你寫作的目的經常是源於某個人遇到了問題，而你需要告訴他如何解決這個問題。所以，解釋做法式序言就是為了向讀者解釋解決問題的方法，針對的就是「我們應該如何做」等問句。

解釋做法式文章的關鍵句要點結構

如上圖所說，解釋做法式序言通常包含以下結構：背景 —— 必須做什麼；衝突 —— 還未做好準備；疑問 —— 如何做好準備。

4. 比較選擇式

有時候，管理者們經常會要求下屬就某個問題進行分析並提出合理的解決方案，一般情況下，他們都希望能多提出幾個替代性方案。因此，針對「我們應該做什麼」等問句，比較選擇式序言較為合適。即便你無法提出能徹底解決問題的方案，那你也應該嘗試提供一些可供討論的方案。

比較選擇式的序言通常包含以下結構：背景 —— 我們希望做什麼；衝突 —— 我們有幾種不同的方案可供選擇；疑問 —— 哪一種方案最合理。

如果你想表達得更準確，可根據側重點的不同選擇不同的結構，如下面三幅圖所示：

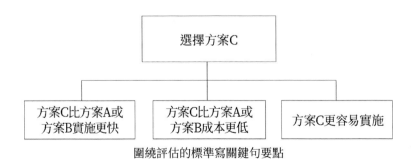

圍繞評估的標準寫關鍵句要點

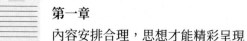

第一章
內容安排合理，思想才能精彩呈現

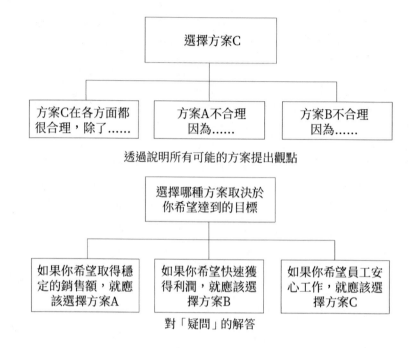

靈活運用三類資訊

有時候，我們寫的報告明明很詳盡，為什麼還被上司瞧不上、覺得缺點多多？那多半是因為你雖然在羅列資訊上做得周全、廣泛，卻忘記了資訊也是有類別的，是要歸類處理的。如果你的上司無法從報告中獲得他需要的那類資訊，那麼無異於給口渴的人送上饅頭，他能高興嗎？

麥肯錫一向將資訊視為製作文案必要的「零件」。資訊是邏輯表現力的基本概念，如果我們對資訊有很深的理解，懂得靈活運用各類資訊，那麼就可以設計出優秀的文案來博得滿堂喝采。就好比你要畫畫，就必須對畫筆、畫布、顏料有相當的認識；你要做菜，就需要非常熟悉食材和廚具，否則，你永遠只會做出色香味都沒有的大雜燴。

實施指南

開始之前，請大家搞清楚，資訊的「種類」與「內容的正確度」絕對是兩碼事。換句話來講，就是我們要討論的問題，是如何理解和判斷資訊的種類，而不是這則資訊所表述、評價、規範的內容是否正確，或者是否有充分的證據。儘管資訊內容的正確與否確實是一個很重要的課題，但在區分資訊種類時，請大家先把它作為另一個問題，透過別的途徑來判斷它的正確性。

學會辨別所接觸到的資訊究竟屬於哪個種類

1. 記述資訊：描述事物的情況和現象本身

「現在正在颱風」「威靈頓是紐西蘭的首都」「東京鐵塔高 333 公尺」「公司擁有 5000 名員工」「美國的首都是紐約」等，無論正確與否，都是在記述資訊，同時也都是在描述一個現象。所謂記述資訊，就是描述事物的情況和現象本身。

2. 評價資訊：表達某一情況或現象的好壞

與記述資訊相反，評價資訊是對情況或現象好壞的評價。例如：「東京鐵塔的設計感非常棒」「某公司是優良的企業」「某某專案的實施是具有前瞻性的舉措」「老闆的發言非常空洞」「這個糟糕的計畫沒有實現的可能性」等。上述每一則資訊都包含了某種好壞的判斷，都是評價性非常強的資訊。

3. 規範資訊：要求事物應該有的狀態以及人應該採取的行動

記述資訊和評價資訊雖然各有自己的特徵，但二者都屬於描述性資訊，都是用來表示事物的狀態。而規範資訊則是用來表示情況或現象的「應有的狀態」，以及對某人「該採取的行動」提出建議。例如：「本公司應該盡快併購競爭對手的公司」「這個瓶子的容量應該有 500 毫升」。

規範資訊有請求式、命令式等多種方式。例如，請求式的「拜託你，併購競爭對手公司吧」，還有命令式的「你一定要併購競爭對手公司」。二者的區別是前者態度溫和一些，而後者的態度則非常強硬。但不管是哪一種方式，二者都表達出了規範資訊。

▌活用各類資訊的禁區和竅門

有些時候，這三種資訊容易被接收者混淆。比如說，接收者有時會將記述資訊解讀成評價資訊，其原因就是在解讀過程中，存在著評價條目和評價標準；而把評價資訊解讀成規範資訊，則是因為在解讀過程中，潛藏著行動原理。我們既要有意識地在某種情況下規避這種「錯覺」，也應該在適當的時候利用這種「錯覺」。

1. 濫用「必要」「不可或缺」，會讓疑問更多

一則評價資訊，很可能會因為接收者讀取到「不可或缺」「必要」等這些字眼，而被誤解讀為規範資訊，因此，一定要慎用「必要」「不可或缺」這些字眼。另外，像這樣的字眼，偶爾使用一次還不會出現太大問題，但如果使用太過頻繁，就很容易讓接收者產生不耐煩的心理。這是因為每個接收者都不樂意被暗示「你應該這樣做」「你應該那樣做」。這時，他內心也會開始不斷地冒出一系列疑問：

「怎麼沒有詳細的狀況分析（記述資訊）？」

「怎麼沒有清楚的狀況解釋（評價資訊）？」

「怎麼沒有具體的提案（規範資訊）？」

因此，記述是記述，評價是評價，規範是規範，最好區分清楚。

特別是當你的文案報告主體是「狀況分析」時，你需要更加當心是否濫用了「必要」「不可或缺」這樣的字眼。在做狀況分析時，所採用的符合主題的資訊，多半應該是描述性的，應該是記述資訊或是評價資訊。除非你有特殊的意圖，不然的話，你最好不要使用太多「必要」「不可或缺」等詞語，以免誤導對方朝著規範資訊的方向去思考。

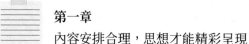
你的主題即使是被設定為提案或建議，你還是最好不要傳達「必要」「不可或缺」的資訊。其原因主要是「必要」「不可或缺」屬於提案，而不是規範資訊。如果主題是提案，在進行資訊傳遞時，除非你別有意圖，否則，最好還是使用「應該（採取某行動）……」。

2. 建議「應該……」時，要同時注意禮數

當你催促接收者採取某種行動時，即便你最終要傳達的資訊在語調上有強有弱，但基本上還是要使用規範資訊：「應該……」。在這裡，「應該……」只是原則上的表現方式，而你的文案報告或文案，卻不一定需要完全套用。當你實際向對方傳達時，應視情況而定，你可以事先好好考慮，哪些地方該明白說出「應該……」，哪些地方不使用「應該……」反而更有說服力，關鍵因素在於傳遞者與接收者之間的關係。

如果不理會對方的反應也沒有妨礙的話，那麼你只要注意基本的禮貌即可，這時，你明確地使用「應該……」來直接催促對方採取行動，應該不會出現什麼大問題；特別是當你以第三者的身分來陳述意見時，使用「應該……」可以最清楚地表明主張。

3. 促使對方行動，你可以故意不傳達規範資訊

當你已經了解對方心裡的評價條目、評價標準、行動原理時，你可以故意不傳達你的規範資訊，而把自己的主張僅限於記述或評價資訊，欲擒故縱，讓對方自己去悟，自己去採取行動，這樣做的效果或許會更好一些。

比如說，你想促使對方做出決定時，可以只把評價資訊「採取某種行動很不錯」傳遞給對方，讓對方自己領悟到規範資訊：「我應該做什麼。」這樣做可能會收到更好的效果。

4. 只傳達記述資訊，更委婉

　　還有一種策略能夠促使對方採取行動，那就是把記述資訊傳達給對方，勾起對方的下意識。換句話說，就是你只把記述資訊傳遞給對方即可，如「如果你做X行動，那就會有X的結果。」讓對方自然會解釋成「X行動是還不錯的行動」。這種方法就比只傳遞評價資訊的方法委婉很多。

　　如果你對對方還不了解，最好是依順序傳達記述資訊、評價資訊、規範資訊，這樣做大致上就不會出差錯。即使是你在撰寫非常注重形式的論文時，也是如此。總之，最重要的是，你要根據不同的對象，考慮如何分別運用不同種類的資訊。

　　關於運用資訊，最後還有一個小問題需要大家注意，那就是如果你想列舉數據，請務必註明數據來源。這樣，如果當有人問你資訊來源時，你就不至於答不上來。而且，若干年後，如果你找出以前的某份報告，就能立即知道相關出處，而不至於再翻查相關數據。

MECE 法則：不重複、不遺漏地歸類分組

數量是否合理、是否與資訊內容量相匹配，除了這些，還有一個概念在構成關鍵主題時很重要，就是主題之間是不是具備 MECE（全稱為 Mutually Exclusive Collectively Exhaustive，直譯為集合網羅性、相互排他性），有人理解成「不遺漏、不重複」。不遺漏是為了更具說服力；不重複則是為了易於理解。

在麥肯錫公司裡，解決問題過程中的必要因素是 MECE。在每一個新的諮詢顧問加入麥肯錫之初，MECE 就開始不斷融入他的生活中。如果你問任何一個麥肯錫人，在麥肯錫所有解決問題的辦法中，哪一個是最令他們印象深刻的，他們會異口同聲地告訴你：MECE。麥肯錫裡每一份提供給客戶的檔案裡，包括每一次電子郵件、每一份情況說明、每一封聲訊郵件，甚至每一個內部備忘錄都是「不遺漏、不重複」的。

實施指南

現在就來詳細說明一下如何將 MECE 法則運用到商務文案的寫作中。

MECE 的兩大特徵

1. 最大完善度

只要你做到了清單上的所有內容都是獨立的、清楚的，即「相互獨立」，你還必須進行審視，以保證它同時還囊括與這一問題有關的所有內容或事項，即「完全窮盡」，以此來實現避免遺漏和最大完善度。

2. 最高條理化

列出你所必須解決的問題的各項組成內容，從你的解決方案的最頂端開始。當你覺得這些內容已經經過仔細思索確定以後，它們是否每一項內容都是獨立的、可以清楚區分的事情。假如是，那麼你的內容清單就是「相互獨立的」，實現了最高條理化，避免重複。

▌避免重複容易，避免遺漏有點難

大家雖然在金字塔結構的關鍵資訊這個層級中設定出不遺漏、不重複的主題，但真正能夠實現的門檻卻很高。資訊稍許重複還不嚴重，但很難做到一點兒都不遺漏。那麼有什麼方法能盡可能降低遺漏資訊的數量呢？有兩種方法可以降低遺漏發生的機率。

1. 現成的 MECE 分析架構的掌握

可以說，先在自己的祕笈裡儲存許多套 MECE 的分析結構（如五力、3C、4P、SWOT 分析等），然後選擇適合的方法套用於當下遇到的工作。

事前準備好「不遺漏、不重複」的分析結構，能有助於資訊金字塔的製作。其原因在金字塔結構中，這些符合 MECE 的分析架構，代表著針對某項特定的重要主題所準備的已相當完整。因此，只要把每則資訊放入個別容器（也就是主要主題）之下，就能夠完成資訊金字塔的製作。即使不完全合適，只要修改一點點，應該都能夠運用。

2. 設定「其他」作為主題

就邏輯上來說，至少確保了「不遺漏」的集合網羅性。雖然「其他」這個概念很模糊，但的確可以暫時替代主題，而且獨到見解通常會藏在「其他」類當中。一份令人滿意的麥肯錫問題清單所包含的頂級的一級內

容不會少於 2 個，也不會多於 5 個，當然最好是 3 個。也就是除了自己想出的主題之外，不管怎樣，再多設定一個「其他」。

接下來的做法是最重要的：在設定「其他」作為主題之後，就根據具體的案例，開始在「其他」這個主要主題下，加上次要主題。這樣一來，當你覺得有些次要主題無法歸納到已預設好的主要主題下時，便可以把這些次要主題先暫時放在「其他」之下。等到「其他」下面的次要主題越來越多時，你就會發現「其他」這個主要主題的本質是什麼。

解決方案必須提及風險

使對方理解伴隨著替代方案而出現的風險，是你在自己所撰寫的商務文案中需要表達出的重點之一。通常，我們提出某種行動提案，肯定會把收益在哪裡告訴對方。但是，也要一併告訴對方風險嗎？或是將風險隱瞞？你認為正確的基本態度是什麼呢？有人的確覺得「眼不見心不煩，不告訴他比較好」或是「等對方提問的時候再說吧」。但這不是麥肯錫的做法，麥肯錫鼓勵大家告訴對方風險。

實施指南

之所以在撰寫解決方案時必須提及風險，原因就在於：多疑是現代人的一種共通屬性。「假定一般的接收者都有很重的疑心病」是最聰明的做法。對方多疑已被假定，不成立的便是「眼不見心不煩」這句話了。當你在接收者面前提及「收益很多」時，對方越會對「這裡頭應有很大的風險」進行猜想。

其次，「等對方提問的時候再說吧」這種想法事實上也不安全，由於接收者是否會就此直接明瞭地發問是我們無法保證的事。對方可能會想：「他只說一些好東西，而很大的內情勢必藏在背後，我想撤走是最明智的做法。」有時候對方並不提問，而是直接下決斷，而且可能做出不利於你的決斷。因此，將收益和風險一併傳達給對方是更為合理穩妥的行為。

有人覺得：「一定要把策略想出來，使對方將伴隨著提案而來的風險迴避了。」但若是 100% 可以迴避風險，那麼也就不能稱為風險了。它之所以是風險，正是由於無法完全迴避。因此，在你告訴對方風險時，便不太可能傳達出完全迴避的資訊。

傳達風險資訊時機取決於接收者對於風險的認識程度

不要迴避「萬一……怎麼辦？」的疑問，將風險傳達於對方雖然是基本的態度，可什麼樣的時機適宜，如何傳達才最好呢？早些傳達，還是最後傳達，哪個時機比較好呢？例如接收者對某個主題帶來的特定風險極為擔心，我們此時該如何做？若是這種情形，早說當然較好。因為接收者的擔憂會隨著你說出風險的推遲而增加。如果他總是惦記這件事，你後面的資訊內容縱然再好，而擔心的事情「萬一……怎麼辦？」仍然是對方意識的集中點，這樣就算是很棒的內容，被接收者看到之後，也會在其心裡大打折扣。

我們拿房屋仲介的業務員來舉例，假設房子的耐震性是消費者在購買房屋時最為擔心的事，那麼最好的效果是業務員在對房子其他優點強調之前，應先將推薦方案的耐震性告知消費者。反之，當業務員察覺到對方並沒有在這方面有特別擔心的情緒時，也就沒有把風險提早說出來的必要了。此時，傳達資訊的順序應是：優點 —— 風險 —— 優點。

以對方容許的風險範圍為準，你對風險的擔保不足為道

有人認為：「在給對方將風險與收益做比較時，把收益遠高於風險或者風險相對小於收益說出來就行了。」這是重要的一點。當虧損是成本，而收益是效益，如果一個提案與成本效益不相符，聰明的舉動便是不去推薦或是實施它。

所以，在你提出有關風險的資訊時，必須「將包括風險在內的成本效益做以衡量」。可這樣的資訊再怎麼說也僅是比較效益與風險之間的相對評價，還沒有充分說明風險。由於相對評價和風險本身的評價不能畫等號，因此不管你如何把風險已低於效益多少詳細說明，在對方看來這也僅是相對評價而已。當這種風險對當事者而言太高了，超過他所能容忍的範圍時，你該怎麼辦呢？可能提案中的風險相較於效益真的小很多，可對方還是不可承受。一旦你仍然將這種風險提示給當事者，就會產生問題了。

總之，只有正確傳達出「風險在當事者可容許的範圍內」的資訊，才能誘使對方接納並實行那些帶有風險的提案。當然了，這也要建立在對方可以充分理解風險和收益之上。

如何判定對方要承擔的風險：損失金額與發生機率

那麼，傳達出什麼樣的資訊才能使對方明白該風險是在可容許的範圍之內？表現風險承受程度的方法通常而言有兩種：發生風險後受到的損失程度和發生機率。如果發生損失過大，風險的承受程度就低；相反，損失越小，承受程度就越高。

損失可以發生在任何事物上，比如實際的物理損失、金錢損失，若有若無的心理損失，每個當事者對風險的承受能力都會因為這些因素導致的損失程度不同而存在差異。其次，同一等級的衝擊對不同的當事者而言，其損失也不會相同。一位訓練有素的職業拳擊手，隨便向普通人揮出一拳，那都會是嚴重的傷害。

損失的發生機率也是影響承受程度的重要因素。當損失發生屬於高機率時，便是低的風險承受程度；反之，越低的損失發生機率則會帶來越高的承受程度。

預期損失就是將發生損失的嚴重程度和發生的機率相乘後的結果。這樣一來，你就可以藉此對各個替代方案的風險進行比較。高風險就是發生損失後造成的傷害大，並且發生機率高；反之，低風險則是二者皆低。

可以不提風險的特例情況

把風險刻意不說出來，是否存在這樣例外的情況呢？答案是肯定的。當對方對提案的風險心知肚明，但卻陷入優柔寡斷中、對答應與否不能作答時，你這麼做就沒錯。這時候對有關風險的說明盡量不要刻意觸碰，而要將利好不斷強調，好比在他背後推上一把，而不是刺上一刀。

確定對方對提案的內容是否完全理解、對提案的分析是否有能力足以承受是此種情況下最重要的事。若是這兩項前提不存在，而提案者卻仍對風險故意不提及，便構成了對對方的欺騙，專業人士是不會這麼做的。

不可或缺的三個替代方案

我們平常能對周圍事物和現象做出評價，是因為它們都有比較的對象：有好／壞消息，有成敗，有樂，也有苦。如果沒有一個以上的條目可供選擇，也就是沒有比較的對象，我們很難對事物做出評價。

因此，不管你再怎麼強調某個問題解決方案的優點，接收者只會想：「你說的優點我已經知道了。可是，我還是想和別的方案比較看一看，難道沒有其他的策略可以選擇了嗎？」假如對方沒有選擇的空間，一定會覺得自己自由選擇的權利被剝奪了。

所以麥肯錫建議大家，在撰寫商務文案時，針對解決問題的課題，必須提出三個替代方案，而且每個都是不可或缺的。除非無計可施，否則最好避開沒有別的方案、提案只有唯一選擇的情況。必須有比較的對象，不然一般人很難抉擇。

實施指南

下面就來看看為何需要三個方案以及如何安排它們的出場次序吧。

▌為什麼向對方提示替代方案時，以三個為基本？

假如方案超過三個，接收者很容易陷入資訊過多的情況，舉棋不定。一般而言，其原因是這樣的，人們卻通常以為選擇的條件越多越好。可是，如果選擇條件過多，接收者會不置可否，不知該用哪個條件作為比較

的對象，結果反而延遲了決定。即使沒有延遲下決定，但是像消費品這些東西，如果選擇條件太多，消費者在不知道哪個好、哪個壞的狀況之下，為了免去分析比較之苦，常常會選擇暢銷的商品。所以，像是食品或家電，一旦暢銷，就會越賣越好。

所以，為了取得理解度和選擇自由二者之間的平衡，提示替代方案時，原則上以三個方案為標準是最合適的。

替代方案的排序：第一個方案，會產生心錨效應

要更容易理解第一個方案的重要性，先來聽一個富有哲理的事例：

當我們在餐廳點餐時，如果服務員先介紹一瓶五萬塊的酒，再介紹兩萬塊的牌子，我們會感覺後者比較便宜；反之，如果服務員先介紹八千塊的酒，然後再介紹兩萬塊的酒，我們便覺得後者貴。同樣是兩萬塊的價格，但是卻因為比較對象的價格參考，改變了我們的價格印象。原因在於，最初的提案會先進入接收者的腦中，成為後面提案的評價標準。假設解決策略有很多種，這時候你提出的順序將深深影響接收者的決定。特別是第一個提出的提案最為重要。換句話說，他已經被灌輸了某種程度的「行情概念」。接收者很容易用最初認識的提案，來比較後面出現的提案孰優孰劣、誰貴誰便宜。

這種以最初的條目作為比較標準的效應，在心理學上稱為心錨效應。「錨」是停船的器具，換句話說，最初看到的提案就像將船錨放下一樣限定我們的思考。如同上面所述，我們常常喜歡將事物與其他類似的事物相比較；反之，如果事物沒有比較的對象，我們就難以評價。最初的方案就是比較的出發點，越到最後，它越會慢慢產生影響力。假如先講複雜的內容，再講普通內容，那後者聽起來就簡單；反之，如果先講簡單，再講複

雜的，那麼後者聽起來就困難。因此，你可以先思考，對方會如何評價你的替代方案，然後再決定你的提案順序。

▌有些人喜歡中庸，那就用中間選項來滿足他

多數人都討厭兩極化的選項，傾向選擇中庸。我們在準備替代方案時，最好設計出上、中、下三個選項，而且把你最想推薦的選項，放在中間。另外，湊齊上、中、下三種選項，還能夠讓中間項與心錨效應取得相乘效果。也就是說，除了人們本來就習慣於選擇中間選項之外，中間項還表現出「比上便宜，比下高階」的效果。

如果對方的預算較為吃緊，本身又是節儉的人，那麼「下」的選項便可以發揮功效。如果對方深信「貴的東西比較好」，是屬於豪華主義型的人，那麼預先準備的「上」就派上用場了。

結語要成為點睛之筆

商務文案的最後，便是結語大展神威的地方。什麼是結語呢？它是一句話或幾句話，但絕對不會是長篇大論，它高度概括，指明了整個商務文案的思想主題和最後結論（決策或展望）。聰明人做事不會半途而廢，更不會虎頭蛇尾，他們會把最精華、最震撼的東西留在最後時刻示人。可以這樣說，結語寫得好，就能夠成為整個文案的點睛之筆，令讀者印象深刻、大為稱讚。

實施指南

既然結語如此重要，那麼如何寫好結語也是需要智慧的，下面就為大家指點一二。

▋寫好結語的第一個關鍵：明確它要說明的行動產生的結果或目標

描述行動產生的結果或目標的句子一般可稱作行動性詞句。行動性詞句是商務文案中較為常見的結語，即可以用「步驟」「建議」「措施」「流程」「目標」或「改革」之類的名詞表示的詞句。在制定行動計劃、編制操作手冊、介紹系統功能，或說明解決問題的方案時，都會用到行動性詞句。但是，對行動性語句進行介紹、建立關聯和總結概括，以說明採取某項行動的方式或某事運作的方式，這個思維過程最艱難。

某些行動性語句雖然可能分屬不同層次上的原因或結果，但是所有的行動性語句看起來都差不多，都可以用「你應該……」或「我們將……」

之類的詞開頭，然後接上一個動詞。所以，你無法從單獨的句子看出行動性語句之間的關聯，而必需根據你希望達到的結果做出判斷。別著急，還有一些能夠幫助你輕鬆表達、理順思路的技巧，將有助於你寫出能展現結果或目標的結語：

⊙ 在將各行動（流程、步驟等）關聯起來之前，先用明確的詞句描述各行動（流程、步驟等）。

⊙ 分辨出明顯的因果關係組合，盡量將每一組中的行動、步驟控制在 5個以下。

⊙ 直接從這些行動、步驟、流程中總結、概括行動的結果和目標。

▌寫好結語的第二個關鍵：找出各結論之間的共性

寫作中表達的結論或是行動性語句，或是描述性語句，這些語句或是告訴讀者做什麼事，或是告訴讀者關於什麼事的情況。在正文部分，我們都會將多個組織問題作為一類，但這本身對於結語而言並沒有太多的意義。這只是思維過程中的第一小步，找出一些可能值得思考的思想。我們要做的第二步，是透過找出這些語句之間的相通點，證明這些語句想表達出的思想確屬一類，所以有理由將其與其他語句區分開。第三步，是明確說明這些語句之間的相通點所具備的普遍意義，即要提出一個新的語句（總結性的）。到此，我們自己的思維過程才能說完成了。

你必須做到以下幾點：

⊙ 分析出將這些語句關聯在一起的結構上的共性。

⊙ 分析這些語句間更密切的關聯。

⊙ 歸納總結，概括出能表現主題思想的語句。

▍結語要使用明確的詞彙，不能模稜兩可

最終結果必須使用明確的語言來表達，這是無論怎樣強調也不會過分的原則。除非你使用的語言達到了這一要求，不然你根本無法判斷你列出的行動、步驟，是否包括了一切應當包括的步驟。

通常有人認為，他們可以透過疑問句繞過使用明確的語言這個要求。他們認為，對問題的回答會引出明確的結果。但是，這種方法實際上只會使你的思路更複雜，因為你避免不了要想像最終的結果，並確定是不是你想要的這一結果。

▍結語避免使用「缺乏思想」的句子

假如你已經得出了一個含有概括性思想的語句，你就可以在這個思想的基礎上用下面兩種方式延續你的思路：對其作品進一步評論（演繹法）；分析出與之類似的思想（歸納法）。但在用這一過程產生新的概括性思想語句前，你必須保證，原有的概括性思想，是根據一些適當的思想合理概括出來的。

如果反之，你的結語是那種「缺乏思想」的句子，則你的思路恐怕就要到此為止了。因為，對一組語句進行嚴謹的提煉、總結、概括，必然會推動思維的發展，但這種句子會掩蓋思考不完整的事實，讓你錯失了一個進行有邏輯性和創造性思考的大好機會。

這種「缺乏思想」的句子對讀者而言也是枯燥無味的，難以吸引和保持讀者的注意力，不能激發讀者的閱讀期待，還可能使讀者根本無法了解你的思想表達。

第二章
用語恰到好處，別人才能讀懂

　　商務文案中因為關乎重大事宜，所以往往要求嚴謹，但仍有些精心撰寫的文案會出現辭不達意、不知所云的情況，令文案的目的性難以實現。這多半與文字功底較差有關係，透過勤加練習，是可以提升的。

　　特別提醒您：嚴謹的商務文案是在一個連線詞、一個主語、一個具體用字上都要加以思考的，並不是什麼跟隨靈感信手拈來的事情。

一氣呵成，上下文之間要有過渡

如果接收者發出如此的感嘆——這份文案真難懂啊！或許有如下幾個原因：

你應該先對這份文案的目的做出理智思考、進行一番追究，雖然這是個較大範圍的問題，但這往往是來自源頭的問題所在。比如，你需要思考：這份文案最終要傳達「記述資訊」，還是傳達「評價資訊」，或是傳達某種具體行動提出的「規範資訊」？也可以這麼說，當資訊是模糊不明的種類時，接收者在宏觀上對資訊就無法充分理解。

另外，有時候構成文章的零件便是問題的源頭，換言之就是個別資訊的不當導致了文案可讀性的減弱，這說明接收者的障礙出在對微觀資訊的理解上。接收者有時已經將宏觀和微觀上的意思大致理解了，也就是說，分開每一個零件他都能看懂，但他對整份文章閱讀後還是處於不知所謂的狀態。這時，你就應該明確錯在哪裡了——一定是因為我的文案不夠「通順」。

「寫文章要通順」是對商務文案寫作的基本要求。事實上，「通順」與否大多展現在邏輯連線詞上的。在溝通媒介裡，例如會話、新聞報導、商務文案等，一些不清不楚的連線詞常會被我們看到。他們為什麼會犯這樣的錯誤呢？因為這些人只是一股腦兒地寫出來自己想說的話，根本對資訊與資訊之間的關係沒有加以應有的關注，更沒有想過連線彼此的詞語是否適宜，怎樣讓語句變得更加通順就越發是從未想過的事了。對多個資訊而言，模糊不清的連線詞是無法造成連線它們的作用的，所以這些不稱職的

連線詞也成了使正確資訊傳達受到阻礙的最主要因素。當每一則資訊之間的關係模糊不清時，上下文的關係和主旨當然也難以明朗。

麥肯錫覺得：為了傳達出正確的意思，大家應該對邏輯連線詞加以重視，善用它們，使其恰到好處，從而將資訊與資訊之間的關係表明清楚。如此一來，上下文之間就有了很自然的過渡，文章也就一氣呵成了。

實施指南

大家內心要有清楚的認識：整份文案的資訊、章資訊、分段資訊、個別的句子之間等，它們一環套一環，都有關係，並且密不可分。這些關係的準確表達都依賴於邏輯連線詞。而邏輯思考之一就是把邏輯銜接怎樣加入的思考過程。要想對方將上下文的關係理解得輕鬆，只有把邏輯連線詞做到正確使用。

例如：

只要「因此」一出現，對方馬上明白你後面的結論是緣於前面的根據。當你使用的銜接方式模模糊糊，而你最終想表達追加還是歸結就令對方無法確定了，理解上的負擔便會出現。

當使用了「藉由……」，那麼對方無須思考，就能一下想到你前面和後面會分別講到手段和目的。倘若使用的銜接方式模糊不清，你到底是想表達追加的資訊，還是想說出目的，這就會讓對方費解，因此只能繼續讀下去，把前後關係思索一番再來推斷。

這裡推薦《麥肯錫教我的寫作武器 —— 從邏輯思考到文案寫作》的作者高杉尚孝（曾經在麥肯錫任職多年）總結出的連線詞使用表：

高杉邏輯連線詞表

順承與附加	追加	還有、並且、再加上、以及、不僅如此、不只、理所當然、另外、除了、同時、特別是、而且、除此之外、尤其、甚至
	對比	**並列** 另外，另一方面、相對地 **時間系列** 同時、以來、以後、以前
	解說	**延伸** 總而言之、也就是說、具體地說、例如、其實、原本、順帶一提 **總結** 像這樣、總而言之、總的來說、綜合來說、簡言之 **換句** 換句話說、講白了、換言之
	條件	如果、假設、假如......的話、如果不是......的話、根據、只要、至少、有......的話、而且
	選擇	或者、或是、或如、不如、還是

順承與論證	理由	為什麼、所謂的、理由是、原因是、因為、由於
	歸結	因此、正因為、由於、基於、結果、綜合......的觀點、所以、於是
	手段	借由、借著
	目的	為了、為此

轉折	反轉	可是、但是、雖然、不過
	限制	要注意的是、雖說如此、......沒錯但、相反地
	讓步	當然、確實、沒錯
	轉換	對了、那麼、接下來

　　在邏輯連線詞的使用過程裡，要視情況而選擇具體的詞語，起碼要符合意思銜接的必要性，更要與彼處的語境相宜。

▌使用連線詞不要一波三折，最好一氣呵成

即使個別資訊是已經明瞭的銜接，有時也未必能夠保證句子是否簡單易懂。例如雖然有邏輯的銜接已經加進了個別資訊裡，假如「因此、結果、所以」等三四個歸結連線詞連續出現於文中，文章理解起來就有難度了。這好比向問路者指點道路，雖然你明明白白地描述出了路線，可若整句話裡都是「向左、向右、再向左、再向右」這樣的詞語，不僅令人身體轉不停，也會令原本清晰的思路轉成一團亂麻，這樣只會使問路者再次迷路。此時，更容易使其到達目的地的表述是精簡的、諸如「左右」的指示詞，加入一些形象的地標性建築作為參考，此時你會發現，原來通往目的地的路線很簡單直接，並不需要這樣左轉右轉的。

所以，回到對文案中連線詞的解讀上來，你最好能在全文初具雛形時，先對個別的銜接進行檢查，確定其是否明朗地連線了上下文，然後將全文的脈絡再重新檢視一番，最後把那些多餘的連線詞以及它們所連線的冗餘資訊一併剔除。這樣一來，雖然我們撰寫文案的時候未必一氣呵成，但至少別人閱讀的時候可以一氣呵成，你的努力就沒有白費。

▌看報紙、聽新聞可以練習邏輯思考能力

「在商務文案中靈活巧妙使用連線詞」，要想對這項技巧加以磨練，平時的累積最重要，我對大家的建議是從報紙新聞中做練習。在吃早點看報時，試著把三五個語句銜接模糊的地方找出來，然後將它轉換成邏輯銜接。

假如想挑戰更高難度的練習，聽新聞便是一種可靠的方式。聽聽主持人播報新聞，當模糊語意的銜接出現時，在心裡將此轉換成邏輯語氣的銜接，然後試著把手段、追加、歸結等類型的連線詞插入，做好邏輯銜接。勤加練習，你就可以達到閉著眼睛也能順其自然地連線上下文的境界。

善用主語，讓對方跟著你的思路走

在必須釐清責任的商務文案裡，如果欠缺主語，是容易造成很大誤解的。如果你說話沒主語，別人可能就不會懂得你想表達什麼，自然也就不會跟著你的思路走了。因此，在商務文案中，這個問題一定要特別注意。

實施指南

我們經常在說話時省略主語，似乎已經習以為常。一般情況下，下列兩種情況往往會省略主語：

一種是根據前後文的脈絡、狀況或者場景，我們可自然地推論出支配謂語的主語。例如，在日常對話中，我們聽到「肚子好餓哦」，就能推斷主語是說話者本人；如果我們對你說「很累吧」，你能直覺推論出主語為「你」。這種情況下，就算欠缺主語，也不影響句子意思的表達。

一種是主語確實找不到合適的行為者。例如「應該關閉虧本的店鋪」，在這句話裡，我們就找不到句子的主語。

在這裡為什麼我們就不太在意主語（行為者）呢？原因之一，或許跟我們過去身為農耕民族有關係。當時可能有事大家一起做，久而久之就變成一種前提和默契了。比如說種田，「誰種田？」「一個人怎麼種田？當然是全村的老少爺們兒啦」；收割，「誰收割？」「一個人怎麼收割？當然也是全村的老少爺們兒啦」。

　　但是，在商業溝通當中，行為者責任是備受重視的，行為者在傳達資訊時是必須被明確的，這種強迫性訓練是非常重要的，可不是完全靠什麼默契去推斷主語（行為者）。尤其在商務寫作中，就要慎重對待主語問題了，因為這多半情況下都不是相熟的人在交流，你們之間沒有那麼多的默契，有些事情必須說得明確一些才有助於對方去理解透澈。

　　在商務文案中，若主語（行為者）欠缺，就很容易搞不清楚責任歸屬，如果讓對方自行去推斷主語，是非常不保險的。舉一個例子來說：「本公司非常重視與貴公司的獨家交易，可是最近開始與別家公司交易，讓人非常擔憂。」這句話就有歧義，讓人犯疑惑。最近開始與別家公司交易到底是誰呢，是本公司還是貴公司？非常擔憂的人到底是誰呢？是貴公司，是別家公司，還是說話者本人呢？

▍盡量多用主動語態，少用被動語態

　　像前述的「應該關閉虧本的店」這句話，如果改成被動語態「虧本的店應該被關閉」，在這句話裡，儘管主語與謂語都較為明確，但還是讓人不禁想問：「被誰？」可見，只要沒有加入「關閉」的行為者，就算是改成被動語態也還是會讓人感到迷惑。

　　在商務文案中，使用被動語態的表現是很多的，例如「××被公認為」「××被認為是」等。這是因為很多人抱著可以巧妙矇混過關的念頭，或是因為想醞釀出客觀分析的感覺。而事實上，從接收者的立場來看，往往會引起他們的反感或不耐煩：「被公認、被認為，我懂。可是，到底是被誰公認、被誰認為呢？」

　　因此，為了能清楚地表現出主語，讓資訊更加清楚，最好還是用主動語態作為基本句型。

▌記得要讓主語與謂語盡量靠近一點

主語和謂語靠得近一點，才能清楚表達「什麼事是什麼？」「什麼事怎麼了？」「誰應該做什麼？」等資訊。兩種方法可做到這一點：一種方法是把主語與謂語之間的說明縮短；另一種方法是根據情況，把一個句子抽成兩個句子來做說明。

例如，在下面這個句子中，主語與謂語離得太遠了。

「業務部長在前天的例會中，聽到各業務據點報告的業務進度比預期來得好，以及各據點關於倫理提升所做的說明之後，感到非常滿意。」

幾十個字把主語與謂語隔開，如果讓它們靠近一點，是不是應該容易理解呢？

改善方法一：

「在前天的例會中，聽到各業務據點報告的業務進度比預期來得好，以及各據點所做的關於倫理提升的說明之後，業務部長感到非常滿意。」

這樣一修整，主語與謂語確實靠近了，但主句出現前的前置文字居然有將近五十個字，讀起來還是非常累。

改善方法二：

「業務部長感到非常滿意，因為他在前天的例會中，聽到各業務據點報告的業務進度比預期來得好，也聽到各據點所做的關於倫理提升的說明。」

這個方法的優點是，把主句放在前頭，先說出結論，原因部分後置。可是，在原因說明中，主語的「他」與謂語的「聽到」相隔還是太遠，如果讓它們再靠近一些，效果是不是會更好一點呢？

改善方法三：

「業務部長在前天的例會中感到非常滿意。因為他聽到各業務據點報告的業務進度比預期來得好，也聽到各據點所做的關於倫理提升的說明。」

這是最為完美的描述。

主語有時應刻意省略的個別情況

從前面討論的觀點我們知道，最好多使用主語與謂語明晰的句型，但並不是所有的情況都是這樣。

有些時候，省略主語之後反而會感覺比較流暢。這時候，若是再故意把主語加進去，反而可能使接收者把注意力過度集中在主語上。例如，你說了一段話之後，如果加上一句「我個人這麼認為」，這就等於引誘接收者去想：「你個人這麼認為，那麼別人可能不這麼認為囉？」如果你的本意並不是引誘接收者產生這樣的想法，那你最好甭強調「我個人」。

可是，假如你省略了主語，就得注意一下你想傳達的具體內容會不會被對方誤解，這個很重要，一定要搞清楚。在設計文案時，最好在草稿階段先把每個句子的主語清楚地標示出來，然後一個一個地判斷哪些地方的主語省略了比較好，然後再去刻意省略。

寫者有意、看者無心，委婉語法要慎用

在使用委婉的語法表達時，要多加注意。很多情況下，委婉語法跟抽象表現具有相通之處。委婉語法向對方傳達的資訊時採用間接的形式，它避免了直接使用否定的尷尬，但卻很容易造成對方的誤解，所以應該謹慎使用。

案例

在現實中，大前研一曾經碰到過這樣的事情，他是如此描述這個令人哭笑不得的經歷的：

我因為工作的需要，路過新宿車站，在搭乘電車時必須經過一個廁所。就在那個廁所裡，不間斷地播放著：「廁所正在清掃中，請多幫忙！」的錄音。感到不可思議的我，忍不住嘟囔著：「幫忙？你這是要我來給你打掃廁所嗎？！」

後來我跟同事說起這件事時，卻被他們狠狠地嘲笑了一頓：「只有像你這樣的傻瓜，才會有這麼愚蠢的解釋！」經過他們的一番解釋，我才最終明白：其實人家的意思應該是「現在請不要使用廁所！」「請忍耐！」「請不要使用這間廁所！」「在使用廁所時，請不要影響打掃！」或者是「在使用廁所時，請注意不要滑倒！」等等。

而我將其解釋為「請幫我打掃廁所」還不算是最為奇葩的，有個同事甚至將其解釋為「請幫我留意一下，禁止別人如廁」。面對這位同事的解釋，我真的感到無語了！

實施指南

使用委婉用語時，我們可用含蓄、內斂的語言來表達那些強烈的、張揚的話語，從而比較理想地完成交際任務。

委婉語既是一種語言現象，更是人們用於交際交流的一種重要手段，使用委婉語這種迂迴曲折的語言形式來對思想進行表達，在交流資訊的同時，還能最大程度上避免引起雙方的不快，避免雙方關係的受損；同時作為一種社會的文化現象，委婉語穿插在人們生活的每個角落，也是對社會現象和人們心理的一種反映，如避諱、禁忌、禮貌等。

在現實生活中，語法和用語手段通常也被用來表達委婉的含義，這種委婉的表述手法最常見於商務信函之中。在這裡，人們為了創造良好的商務環境，達到雙方共贏的目的，通常借用委婉語來對自己的觀點和願望進行禮貌而委婉的陳述，從而提出請求和建議。

需要注意的是，在委婉語的使用過程中，要結合交際對象、話題以及環境等因素進行具體的變更。

當交流的雙方處於不同的文化層次時，使用委婉語進行交流，往往會因為文化的差異，默契的減少而導致產生誤會。這時候最好採用直接的具體說明，哪怕是令自己感到囉唆也在所不惜。同樣，在相同的文化圈中，各種不同的亞文化圈也是存在的。

委婉語的使用範疇、功能和表達方式，隨著人們日益變化的思維方式、道德觀和社會價值而發生著日新月異的變化。過多的委婉語用在商務寫作中，會給予人矯揉造作、言辭聲色不堪的感覺，嚴重時甚至會掩蓋事物本質，給予人一頭霧水、不知所云的感覺。

　　所以在商務寫作中，應力求表述準確、立場堅定，絕不能一味追求表達的委婉、含蓄，要以尊重對方的態度，對自己的意見進行鄭重的表達。為了能夠在社交過程中恰如其分地使用委婉語，使其充分發揮作用，我們應該加強對委婉語的學習和掌握。

把負責的態度展現在具體用字上

在資訊表述過程中，大量地使用抽象詞語，是相當不負責任的做法，因為這是把解釋文案的權利，交給了閱讀者，而並沒有表述出屬於自己的東西。這是非常不專業的行為。

你要做的是，認真思索一下自己的用詞用字，從接收者的角度去體驗一下這些文字是否能帶來閱讀上的良好感覺，是否能帶來明晰的理解效果。如果你能讓接收者在通讀你的文案之後沒有對具體用詞用字提出疑問，那麼，這就可以算是你負責任的工作態度的一種展現了。

實施指南

過多地使用諸如「重新評估」「調整」「推動」類的抽象表達，將會使得商務寫作中的敘述缺乏明晰，變得模糊、缺漏。

使用抽象表達，也就將具體的解釋權交給了接收者。當接收者與傳遞者具有一致的理解時，就能夠得到正確的資訊，但並不是每次都能做到。所以當我們需要對方能以某種具體行動進行配合時，為避免動作的不連貫性，應該盡量避免使用抽象表達。

「活性化」「多樣化」，是一種不討喜的圓滑詞彙

在商業文案中過多地使用「……多樣化」「……的活動性」「重新評估……」「重新組合……」「重新建構……」「強化……」「確立……」「推動……」等不負責任的抽象表達，會給廣大讀者造成錯覺，使他們認為：

如果沒有這些抽象表達的話，我將寫不出東西來。抽象表達給人無法進入具體行動層次的感覺，當用來表述某一方向性的東西時，它才是可取的。

如果你是公司的管理者就可做出諸如「強化公司人才培養體制」這類方向性的表達，雖然它並不具體，但卻讓人無從反對它的內容。

當然這種指示其實是很空泛的東西，雖然人才培養是一件好事，但是所謂「人才培養體制」是什麼東西呢？又該如何去強化呢？這時候接收者又該如何去行動呢？聽起來是很容易的一件事，可要執行起來，卻又顯得無從著手了。

▍「××性」「××力」，濫用之後，威力盡失

分別用「優異的安全性」「超群的功能性」和「良好的本性」來形容一部車、一件商品、一個人，這是最為常見的抽象表現，它明確地表述了資訊的方向性。但是細說起來，無論是「安全性」「功能性」，還是「人性」，都缺乏具體性的表述。「……性」，作為高度抽象性的表述，常用來作為廣泛範圍的主題。這時候作為資訊接收者常常會發出「……性，具體是如何表現的呢」這樣的疑問。這時候就需要做出具體的說明了。

比如，汽車的「安全性」到底是指的哪一方面？是駕駛者安全，還是乘客安全？是前排座椅安全，還是後排座椅安全？是駕乘人員的安全，還是被撞擊到的人的安全？這時候，若進行具體量化定性，可能所謂的安全性，指的是在對牆壁以 ×× 公里的時速進行撞擊時，汽車的耐衝擊程度；或者是在某一指定速度下，車子從踩下剎車踏板到停止所需要的時間；或者乾脆就是指的汽車配備的安全氣囊、環景攝影系統等裝備。這時候所謂安全性具體指的是哪一方面就顯得至關重要了。

同樣地,「××力」也有相似的表現,「強化營業力」「要有向心力、凝聚力」「現場力是很重要的」等等,這些相當正確的主張,細細推敲起來,我們應該怎麼去做呢,反正我認為接收者是很難將他們與合適的行動相連線的,因為它們所表述的東西,實在是過於抽象了。

第三章
形式不枯燥，別人才願意看下去

　　現代人的閱讀習慣是鍾愛圖文並茂勝過密密麻麻的白紙黑字，這不僅僅是視覺上的選擇，也是心理上的選擇。很多人的商務文案之所以寫得不被認可，有一定的原因就出在了形式太過枯燥，就算內容寫得天花亂墜，也令人沒有通讀到底的慾望。

　　特別提醒您：文案的結構、分段、圖文比例，以及多媒體演示都是商務文案寫作中必須掌握的技巧，這一章，值得您學習。

突出顯示文案的框架結構

麥肯錫人對文案的製作很講究謀略，畢竟這是書面交流能否達成效能的必備工具。一個文案的框架結構直接彰顯員工思維的靈活縝密程度，因此重視文案寫作是工作中不可小覷的一個環節。

實施指南

在組建文案的框架結構的時候，以下的步驟要點值得大家借鑑：

▌內容很長，就將主要摘要放在前面，先說結論讓對方安心

當一份報告有許多頁數時，附上主要摘要就再好不過了。主要摘要會讓接收者對整體脈絡有個大致掌握之後，再著手閱讀正式內容，如此一來更能減輕讓他們從頭閱讀冗長文字的心理負擔了。

▌每一頁都設定一個主題

每個頁面都設定一個主題可以為整個頁面做出定義，也就是指明你在這一頁中想說明什麼，它更像是資訊的「容器」。即使未必會出現「關於……」的字眼，但是「關於」之意已經在主題裡隱含了。

所有的文案几乎都離不開明確的「主題」。但我們經常看到的情況卻是某些文案連續數頁都在說明同一個主題，這會給接收者造成負擔，盡量不要這麼做。

　　當你為了說明同一主題要用上連續好幾頁之時，這要麼表明你的主題範圍劃分得太過廣泛了，要麼是因為你設定了過多闡述細節的內容於同一個主題中，以致正文有了不符合視覺體驗的長度。記住：能把每一頁面都當成一個容器是最理想的狀態。

▌每一頁都只放三項資訊

簡報頁首的基本設計

　　每一頁，放入三種要素

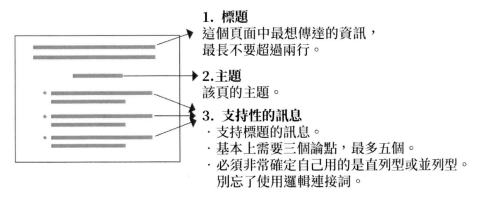

1. 標題
這個頁面中最想傳達的資訊，
最長不要超過兩行。

2.主題
該頁的主題。

3. 支持性的訊息
・支持標題的訊息。
・基本上需要三個論點，最多五個。
・必須非常確定自己用的是直列型或並列型。
　別忘了使用邏輯連接詞。

（所有的頁面都可以根據金字塔結構進行設計。）

　　對文案數據進行製作時，每一頁有三個要素要放入，它們分別是：

1. 標題（主題）資訊；

2. 主題；

3. 支持資訊。

　　許多外資顧問公司，如麥肯錫對文案的製作都是採用了這種頁面結構。

　　標題是你在頁面中最想傳達的資訊。令我們遺憾的是，在很多文案數據的上面都沒有標題。標題還有另外幾種稱呼，比如領導資訊、話題句等，它們可以充分展現出標題的「領頭」地位。通常來說，標題都會被放置在頁面的頂端，這樣可以方便你想傳達的資訊被接收者一眼看到。當你運用了這個方法，儘管底下是艱澀難懂、意思含糊的內容，接收者也不會誤解你，最起碼能將錯誤資訊的傳達機率降低。在報告格式中每個分段都附上標題的做法與其類似，這樣能使說服力得以提高，還能讓接收者的負擔減輕。標題的篇幅控制在兩行內即可，字型也要注意不能過大。

　　也許有人會對此提出異議，比如：「文案製作軟體並不是這樣安排標題的。」我給出的回答是：「即便不遵照文案軟體的格式也不是什麼違法行為吧，文案就是文案，它沒必要聽另外一個軟體的安排，它應該聽從的是內容、你的目的性、讀者的閱讀需求，只要能實現你的預期，誰能說把標題安排在頁面頂端是不對的呢？況且，若是製作每一份文案都按照軟體的自動格式來排版，所有的文案數據都一模一樣，任何文案看起來都是同一文案，難以調動讀者的興趣，也就都失去了閱讀的意義。」

分段：表達多個資訊的竅門

截至目前，麥肯錫教我們學習了怎樣增加個別資訊的明瞭程度，怎樣讓多個資訊集合體變得明瞭，接下來麥肯錫就要講述另一個重要概念——段落。

邏輯表現力中相當重要的概念之一便是分段。在分段過程中，除各句資訊都要非常明瞭之外，最重要的是，「分段」本身，即整個區塊，也必須清楚明瞭才行。

實施指南

所謂段落，是指在一個主題下，由整理過的多個資訊所組成的一個區塊。一般情況下，段落由多個句子構成，其作用是以完整區塊來傳達單一資訊。段落開頭必須空兩個字，因此稱為段落。段落給人的第一感覺就是「我還要繼續說，但先從這裡開始換行吧」。

撰寫商務文案時，分段需要遵循的原則

1. 單一性原則

就是說，意思關聯不密切的段不能分在一個段落裡，即一個段落的內容是單一的。

2. 完整性原則

就是說，意思一樣的段要分在一起，不能分在幾個段落裡。

3. 連貫性原則

就是說，一篇文章各段是相互銜接的，存在著內在的關聯，它們的意思是連貫的。下面透過一個例子來反映分段連貫性原則：

▎接受變化需要時間

例如，很多人都有這樣的經歷：剛搬進新家，前幾天下班回到家，一定會忽然有「對呀，我已經搬家了」的意識。據說這種意識大約需要三個星期才會慢慢淡化。這說明人在意識的層面即使已經認識、了解狀況發生了變化，但這種變化要完全滲透到潛意識層面，是需要一點時間的。由於泡沫經濟的崩潰，造成房地產價格的下滑。房地產所有者即使理解、面臨這個事實，卻很少有人能立即接受。這說明接受狀況的變化是需要一段時間的。交涉也是這樣，對方交涉環境的變化或者接受新的點子，都是需要時間的。也就是說，需要經過一段適應期。

這個例子在分段的開頭，就有一個標題「接受變化需要時間」傳達出資訊。這叫做「標題資訊」或者「引導資訊」，其作用就是提前把分段的資訊傳達出來。有時候，引導資訊也可直接穿插在文中。

「例如，很多人都有這樣經歷：剛搬進新家，前幾天下班回到家，一定會忽然有「對呀，我已經搬家了」的意識。這種意識據說大約需要三個星期才會慢慢淡化。這說明人在意識的層面即使已經認識、了解狀況發生了變化，但這種變化要完全滲透到潛意識層面，是需要一點時間的。」以上這一小段是證實單一資訊的事例。事例之後，更詳細地表達了單一資訊。

「由於泡沫經濟的崩潰，造成房地產價格的下滑。房地產所有者即使理解、面臨這個事實，卻很少有人能立即接受。這說明接受狀況的變化是

需要一段時間的。」同上，這一小段也是證實單一資訊的事例。在事例之後，更詳細地表達了單一資訊。承接剛才的事例，加上資訊的形式，跟前面正好形成一個對句。

「交涉也是這樣，對方交涉環境的變化或者接受新的點子，都是需要時間的。也就是說，需要經過一段適應期。」從整篇文字來看，作者最希望傳達的資訊既不是搬家，也不是房地產價格，而是傳達交涉。依據前面兩個不同領域所做行為的類推，其目的是為了最後確認「交涉」這個單一資訊。也就是說，整個段落的敘述都是為證明「接受變化需要時間」這個標題資訊。並且在分段的最後，用了幾乎和標題資訊一樣的資訊，只是再做一次確認罷了。

▌如果你是在原始數據的基礎上進行分段整理工作

有些人粗略地把原始數據看一遍，也不考慮寫什麼、怎樣寫，就開始匆匆「猜段」整理，結果分段大都是錯誤的。一般情況下，給文章分段分三個步驟進行。

第一步，把全文通讀一遍，對文章的主要內容進行了解，並看看文章的材料是怎樣安排的，確定把分段的依據確定下來。這一步是分段的基礎。

第二步，仔細閱讀每個自然段，掌握每個自然段的內容，以及相互之間的關係。

第三步，採用適當的方法，找出每段的起止進行分段。

閱讀仔細了，考慮清楚了，然後再著手進行分段，分段的正確率就會大大提高。

▌分段的數量應該如何安排

一般情況下，一張 A4 紙上放上五個左右的分段最適合。如果僅放入三個分段，那麼每一段的內容就會太長；如果分段超過七個，就會讓人產生破碎零散雜亂的感覺，因此要注意一張 A4 紙上最多不要超過七個分段。在報告的形式中，為減輕讀者視覺上的負擔，在設計版面時，在每個分段之間一定要空出一行，而書籍則另當別論。

圖文並茂，拒絕枯燥

∙∙

圖表和資訊影像化是麥肯錫公司與客戶進行溝通的主要利器。

如今，人們用來報告的已經不僅僅局限於圖表，還可以是產品樣本、3D 模型或者是網頁。無論採取哪種形式，不錯的視覺輔助材料，可以達到意想不到的溝通效果。一幅圖所能表達的概念和數據，或許用數頁的文字才能闡述清楚。你的簡報對象在聽了或讀了你的報告時，如果再能夠看看圖（若是實物模型，還可以觸控一下），就會更容易接受你的觀點。

案例

對圖表在商務文案中的作用，曾在麥肯錫就職的艾森・拉塞爾感觸頗深：

我剛進公司時，是 1989 年，早已不是石器時代了，可是公司首先發給我的一套裝備就是一盒繪圖鉛筆、一塊橡皮和一套塑膠製成的繪圖板 —— 上面布滿了長方形、三角形、箭頭等圖形的那種板子。我被告知：「別小看這些繪圖板，它們是不可替代的，你需要用它們來畫圖。」

從過去工作到上商學院，我用電腦製表和畫圖已經有好幾年了。面對如此原始的裝備，我略微有點吃驚：這是多麼鮮明的企業文化面對高技術卻缺乏靈活性的例子啊。

然而後來我發現，麥肯錫公司把圖表作為一種以易於理解的形式表達資訊的手段，而這個繪圖板有一個非常重要的作用，它可以使圖表簡單化，而電腦製圖卻很容易就把圖表變得花裡胡哨。

實施指南

如前所述，圖表是麥肯錫公司賴以表達資訊的一種手段，那麼麥肯錫的圖表有別於其他地方的圖表嗎？麥肯錫的圖表結構、麥肯錫公司對圖表的要求是怎樣的呢？

簡單為上：一圖明一事

麥肯錫的圖表以簡單著稱，而且越簡單越好，是獨一無二的，每一張圖僅能傳遞一條資訊，要表達的意思應該是一目瞭然。如此，圖表傳遞的資訊不僅讓對方知曉你講的是什麼，你自己也很清楚。圖表越複雜，其傳遞資訊的效果就會越差。

商務文案初步完成之後，你必須把圖表再次確認一下：每個圖表是否真的僅包含一個資訊，該資訊是否正確地與次要議題相聯結。如果有兩件以上的資訊要傳遞，那就抽成兩個圖表分別說明；如果遇見本應很有內容的圖表，卻不能一目瞭然時，那就表明有多個資訊混雜在其中。如果是單一資訊，圖表所比較的重點或強調的地方應該都很明確；但如果加入兩個以上的資訊，整體圖表立刻就會變得一團模糊、難以分辨。因此只要徹底執行「一圖表一資訊」，就能立即把一個個圖表全都變簡單。

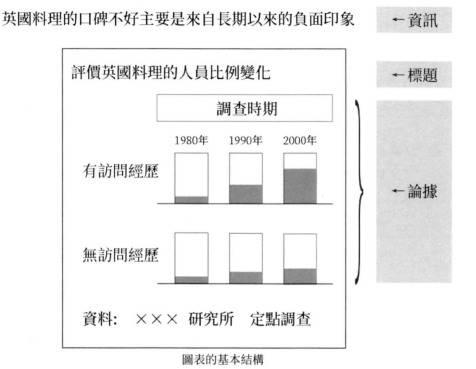

圖表的基本結構

透過上圖可看出，最優異的圖表一般是由資訊、論據、數據來源組成的。好的標題用一個簡單的句子就把圖表的要點表達出來了；圖表中無聲的資訊可以透過底紋、箭頭或爆炸型的扇形區域等在其他方法中突顯出來；數據來源在圖表的左下角，當有人問「這些資訊你從哪裡獲得」時，你就可以據此告訴他們。

要想製作好的圖表，除保持基本結構完整外，為確保圖表能夠用得恰到好處，既淺顯易懂又具說服力，還需要注意下面三點：一是具備依循議題的資訊；二是向縱向和橫向擴充套件應具有意義；三是論據支持資訊。

▍圖表不要太過複雜，否則事倍功半

為了畫出這些圖表，許多人每天都把自己弄得痛苦不堪，其實真正可憐的卻是「那些被迫要看莫名其妙的圖表而覺得痛苦不堪的聽眾或讀者」。

從經驗上來說，人從看見圖表，到做出「有意義」或者「理解了」等判斷，大約需要 15 秒鐘的時間。我們將這段時間稱為「15 秒法則」，就是在這十幾秒的時間內，人們會對「要不要仔細讀這份數據」做出判斷。

太過複雜的圖表，是沒有辦法讓人在 15 秒內就完全心領神會的，如果時間截止時，對方仍舊處於模糊不清的狀態，那麼這張沒有傳達出明確意圖的圖表是不成功的，是相當於不存在的、沒有意義的。在大型計劃中，對整體綜合價值進行判斷的人，不論是論文的審查委員還是經營者，他們幾乎都很忙碌，且對自己很有自信。當他們連續看幾張「不具意義」的圖表後，會馬上關閉心房，視線下移，眼中光芒盡失，比賽就此結束。

當你試著向別人介紹某個圖表，只要有人稍微感覺「這個難以傳達」，或是「這個不好說明」，你就要考慮重新檢查修改，然後再次重複。

▍圖文並茂，但不能花哨得喧賓奪主

記住，你是在就自己的若干建議努力進行溝通。有時，可能你希望用精美的圖片來打動對方，但你不是在炫耀藝術品，傳遞資訊的媒介是不應該壓倒資訊本身的，它妨礙了資訊的傳遞。因此，禁止使用帶有一定欺騙性的 3D 影像和分散注意力的色彩。在製圖方面，麥肯錫始終比較保守：除非對闡述圖表的要點必不可少，否則，在麥肯錫式的簡報中，你是不會看到五顏六色的圖形或 3D 動畫在你眼前做出干擾行為的。

抓住對方眼球的 PPT 簡報

麥肯錫認為，如果在 PPT 簡報中呈現金字塔，將會造成抓住對方眼球的效果。

如果可以選擇的話，大多數人都不會選擇書面，而願意選擇口頭來表達組成金字塔的思想觀點。在這些人的想像中，視覺演示就是用 PPT 簡報的形式做報告。在他們看來，此項工作就是把金字塔結構轉換成文字幻燈片，根據需要再加上一些圖表，然後站起來解釋一番。

事情若真的這麼簡單就好了。可是視覺演示面向的是現場觀眾，觀眾的反應是不可預測的，而且他們的注意力還非常不集中。因此，要想勾起他們接受你的資訊的熱情，你必須懂得讓他們集中注意力。也就是說，你必須取悅觀眾。

實施指南

既然 PPT 簡報具有這麼大的威懾力，設計起來肯定要花很大精力和智慧，有捷徑嗎？下面麥肯錫就教你設計 PPT 簡報的技巧。

設計文字 PPT 幻燈片的技巧

文字幻燈片使用的是熟悉的交流工具 —— 文字。製作現場演示用的文字幻燈片時，你需要明白的是，你 —— 演示者，才是表演的明星。幻燈片僅僅是視覺上的輔助手段，其作用主要是讓演示更加生動。房間裡所

有聽眾最感興趣的是你，而不是幻燈片。因此，你在螢幕上演示的和你所說的應該是有明顯區別的。

實際講稿如下：

現狀

⊙ 傑克遜食品公司未交訂貨的數量一直相當高。

⊙ 在業務領域，公司如果不能完全按訂單供貨，市場份額下降將不可避免。

⊙ 造成目前狀況的原因之一是生產問題。

⊙ 供應鏈流程不合理和管理不善，導致生產問題更加複雜。

⊙ 供應鏈和生產流程之間缺乏緊密配合，未交訂貨問題難以解決，重點客戶和重點產品也不能集中保證。

文字幻燈片如下：

> **現狀**
> 尚未交付的訂貨相當多
> ・生產存在問題
> ・供應鏈流暢不合理
> ・生產/供應鏈缺乏配合

文字幻燈片

由此可見，好的幻燈片總是盡可能直接簡單準確地傳遞資訊，而不是把文字（或幻燈片）浪費在那些可透過口頭表達的介紹性或轉折性語言上。文字幻燈片應僅包含經過適當分組和總結的、最重要的思想（觀點、論據、建議等），因此，最好是隻用於強調金字塔中的主要論點。

　　但是對未參加會議觀摩的人來說，發給他們講義要比發給他們幻燈片清楚易懂。於是，為解決這個問題，一些人就想起一種一石二鳥的有效方法——那就是把幻燈片和講稿融合在一起。這種方法是把講稿寫成大綱的形式，並省略許多過渡性的語句。

　　製作一張幻燈片的內容，應牢記下列幾個指導性原則：

1. 一張幻燈片只演示和說明一個論點

　　除非你想一開始就列出摘要或者列表中的一組論點，在接下來的幻燈片中，你再完全展開其他論點。

2. 論點應該用完整的陳述句來說明

　　而不是用標題性語言來陳述，你可用一兩個詞或一個簡短的陳述句來提出你的觀點，例如：「銷售前景 VS 銷售前景看好」，顯然後一種說法比較明確，不會引起聽眾對你論點的誤解。

3. 文字應盡量簡短

　　幻燈片文字越簡短越好，每張最好不要超過 30 個單字或者 6 行字。如果你的思想觀點用一張幻燈片難以說清楚，你可以多使用幾張。

4. 使用簡單的詞彙和數字

　　幻燈片中使用技術術語、複雜的片語或者一長串單字，容易使觀眾的注意力分散。數字也是越簡單越好，例如人們記住 490 萬美元要比記住 4,876,987 美元容易得多。

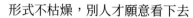
5. 字號應足夠大

你需要牢記，在螢幕上有必要演示的內容，就有必要讓觀眾看明白。幻燈片文字清楚，就有 98% 成功的可能性，剩下的 2%，可能是由於你不應該使用視覺演示。

6. 注意幻燈片的趣味性

幻燈片的趣味性是由布局、字號的選擇和顏色的運用來決定的。從外觀上看，幻燈片比較雷同，如果堆放在一起，難免會令人乏味。但若是把文字幻燈片看成是在展示文字，而不是在展示數據或圖表，那麼你就能透過展示思想之間的相互關係，製作出更加美觀、讓人賞心悅目的幻燈片。

提高趣味性，可以使用逐級展開呈現法，幻燈片的各個部分不是一下子就展現在螢幕上，而是逐一顯示，你可以隨著演示進行解釋，這樣整張幻燈片就會顯得主次分明。

▌設計圖表 PPT 幻燈片的技巧

圖表幻燈片是透過柱狀圖、條形圖、曲線圖、散點圖或餅圖與接收者進行交流，相對於文字幻燈片，圖表幻燈片更直觀，更有衝擊力。比較理想的圖表幻燈片，圖表和文字的比例分別是 90% 和 10%，它們各自的作用是：

1. 文字部分說明簡報的框架結構；強調重要的思想、觀點、論點、結論、建議或要採取的措施等。
2. 圖表部分闡明僅用文字難以說清楚的數據、關係等。

由於觀眾沒有時間和機會對幻燈片傳遞的資訊仔細研究並找出各部分之間的含義，所以圖表幻燈片應盡量簡單易懂。一份幻燈片最好不要超過

一個或兩個複雜的圖表。因為過於複雜、過於詳細或過於分散的圖表，需要浪費大量的時間去解釋，這樣會導致沒有時間去進行探討。

　　製作圖表幻燈片的技巧是：首先確定你想用圖表回答的問題，然後把答案作為圖表的標題（如下圖），最後選擇最適合表現論點的圖表樣式。

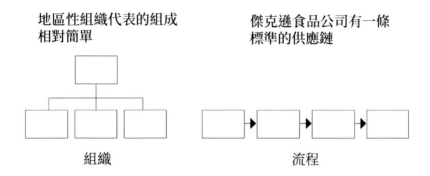

地區性組織代表的組成
相對簡單

組織

傑克遜食品公司有一條
標準的供應鏈

流程

　　為確保證圖表所要傳達的資訊和給觀眾的視覺印象相一致，圖表的標題語言一定要簡潔，既可用一個完整的句子，也可用一個含有動詞的短語，所表達的意思一定要能直接傳遞資訊。由於觀眾關注問題的角度不同，不同的觀眾又有不同的觀點、背景和興趣，因此，用圖表標題直接標明論點的另一個好處是，它能夠最大限度地減少混淆。一個好的圖表標題，能立即把觀眾的注意力拉入到你希望強調的數據方面。

　　掌握了文字和圖表幻燈片的要求後，你就可以開始製作整個簡報了。每張幻燈片寫作的順序，都是自上而下依次為：序言各要素、關鍵句要點和關鍵句下一層次的論點。你可以先用最簡單的語言將故事梗概寫在一張白紙上，之後把它抽成幾個區域，每個區域都代表一張空白幻燈片，然後再寫上你想闡明的要點，並對哪些需要用文字幻燈片，哪些需要用圖表幻燈片做出說明。

第二篇
今天，你失言了嗎

　　人類最頻繁最廣泛的溝通手段就是對話了。在職場之中，那些會說話的人總是比口無遮攔或嘴笨的人吃得開，在麥肯錫公司中更是這種情況，身為諮詢行業，若是沒有長於他人的口才如何能立足於行業之中呢？很多時候，我們都是因為不會說話、說錯了話，導致本應該手到擒來的工作成果功虧一簣，著實令人惋惜不已。

　　這一篇，將從說話邏輯的角度，將會議、訪談、簡報、與同事交流時的語言技巧和需要規避之處做出講解，希望能助口才有待提升的你一臂之力。

第一章
會議中的說話邏輯

對於獲得客戶認可的分析結果，麥肯錫的團隊通常會採取如下的方案：先在一起進行初步研究後，再進行實際工作的展開。要知道，作為策略諮詢必要工具的腦力激盪，才是客戶所真正看重的知識財富。

特別提醒您：會議不是簡單的各抒己見，腦力激盪也不是簡單的談笑風生，必須注意溝通技巧，你才能得到有價值的點子和結論。

別欲言又止，點子無好壞之分

在英國倫敦「信不信由你博物館」推出的一項調查報告中，列出了「英國女性恐懼排行榜 20 強」。結果讓人大跌眼鏡：公開演講恐懼排名第三，僅次於失去親人和被活埋，甚至排在了死亡前面。可見在眾人面前將自己心中的觀點說出來有時候是多麼令人難熬的事情。

但是作為一名職場人士，辯論和發言是不可或缺的事項。如果你想像麥肯錫人一樣優秀，你就得開始習慣當眾發言。需要你發表意見時，杜絕「我不清楚」這種言論，大膽地把你的觀點說出來。在麥肯錫，沒有人會因為害怕被嘲笑「這是個壞點子」而不敢發言；同樣，假如你不贊同別人的觀點，那也別沉默不語，把你的不贊同解釋給大家。或許在這個思維碰撞過程中，你們會發現新的思路。當然，脫離議題的發言不算在內。

實施指南

在團隊會議中，腦力激盪式的集體討論是非常常見的。但是，一旦到了需要某個人來做正式發言時，緊張情緒就開始滋生。很多人都有這樣的感覺，尤其是你剛剛入職一個新公司，還不夠熟悉環境和同事的時候。其實，公開發言的緊張心理是完全可以被克服的。只要把握好以下原則，不斷進行鍛鍊，就一定可告別自己在會議上欲言又止的膽怯心理。

█給自己積極的心理暗示

需要發言時，很多人內心都會產生一種擔憂，擔心自己的發言內容會引來別人的質疑。這是一種缺乏自信的表現。腦力激盪成功的關鍵，不僅包括充分的準備，還包括正確的心態。我們要告訴自己：我已經為此議題做了充分的準備，我所說的都是確鑿可靠、正確無疑的。在這種積極的心理暗示下，不僅你的緊張情緒會被克服，自信心也會油然而生。

█緊張氣氛下，讓點子自己蹦出來

克里斯汀是一名麥肯錫諮詢顧問，他介紹了一種在緊張氣氛中掌控大型腦力激盪的有效方法：

我們首先把所有相關人員都召集到一間大會議室裡，請大家把對計劃方案不滿意的地方全都講出來；一旦他們發洩完不滿，再請他們把自己認為合理的計畫方案以及能在自己負責的業務單元中應用的方案都講出來。

這種方法產生的作用有兩方面：首先浮現出來了很多我們想不到的優秀方案；其次，幫助那些之前懷疑我們的成員開始認可麥肯錫的解決方案。

█抓住點子的腦力激盪法

在腦力激盪中有這樣一種尷尬的情形：沒有人願意第一個發言，大家都在等著別人做第一個吃螃蟹的人，針對這種僵持的情況，我介紹兩種麥肯錫人經常使用的，在腦力激盪中可帶來最大收益的「沉默」的點子技巧。

1. 便利貼練習法

事前給與會者每人發一疊便利貼，請他們寫下自己就這一議題所能想到的所有觀點，每個觀點列在一個便利貼上。然後交給會議主持人讀出來。這是一個迅速生成許多好點子的方法。與會者可以只就這裡一些有共性的、合理的點子進行討論，不需要就每個新提出的點子展開討論。

2. 翻頁掛圖練習法

在會議室擺上數張翻頁掛圖，每一張寫下一個會議議題。每個團隊成員都要沿掛圖依次走過，自主選擇感興趣的掛圖寫下自己的觀點。條件允許的話，你也可給每個成員分發不同顏色的筆，這樣就能清楚地知道哪個觀點是誰寫下的。

▌催生創造性思維的日常練習

大多數情況下，令你在會議上欲言又止的原因是你自己也不知道該說些什麼，有種束手無策的心虛感，要想破解這個情況，你就得在私底下多多練習一下激發創造性思維的方法。下面這些建議或許能幫助你產生一些新的視角和觀點。這些練習沒有特定的次序，因此你可以隨意選擇自己感興趣的先進行嘗試，並不斷運用到自己的生活中。讀完這個部分之後，你就可以試著開始練習了。

1. 看你平時不看的報紙和雜誌

如果你以前只看國內的報紙或網站，你可試著花幾天時間看一些有不同視角和評論點的報紙雜誌比如《經濟學人》或者《紐約時報》。你也可以買三四本平常基本不會涉獵的雜誌，堅持把它們從頭到尾看完。相比而言，雜誌關注的話題更為廣泛，既可以是一些國際重要議題，也可以是一

些無關緊要的花絮。當你閱讀的時候，嘗試著採用雜誌裡的創意並用來解決你所遇到的問題。舉個例子，某期的《時代週刊》介紹了某個公司成功解決它們所在行業的一個問題，那就試試看能否用同樣的邏輯來解決你自己的問題，並且試著模擬腦力激盪的場景來做出講演。這項練習應堅持每個月做一次。

2. 建立靈感記事本

找一個自己喜歡的空白日記本，堅持每天記日記，既可記錄當天發生的事情，也可以寫寫自己隨時冒出來的有趣想法，或是你的渴望、夢想，以及任何你想記錄的東西。把這個隨手筆記當成自己創意寫作的練習。如果可能的話，找個熟悉的人，和他暢談一下這些你記下來的想法，這將有助於鍛鍊你的表述能力。

3. 每天都用「如果……會怎麼樣？」的問題來挑戰你的頭腦

規則很簡單，找一個觸目可及的普通物體、活動或是任何事情，然後問自己「如果……會怎樣？」例如，如果你正在看一臺電腦，想像一下如果這臺電腦沒有鍵盤（如果不用鍵盤，電腦該如何輸入資訊？），或者有兩個鍵盤（如果有兩個人需要同時向這臺電腦輸入資訊，電腦該如何操作？）。練習久了，你的思維將會被逐漸開啟，當「如果……會怎麼樣呢」這樣的思維模式最終運用到你的實際工作中時，你會發現，解決問題的思路好像一下子變得廣泛起來，很多不知道怎麼開口的話都會隨著思路一躍而出。

別沉默是金，每個問題都值得回答

從已做的工作中如果你不能提出見解，那就是浪費時間。僅僅是為了繪製圖表而繪製圖表，為了思索數字而思索數字，將不會有任何益處，解決不了任何問題。如果你能從中得出一些真知灼見或者有重要發現，讓你的團隊和客戶說：「嗯，有意思。」你的工作才能獲得認可。

因此在麥肯錫人看來，任何問題都有它自己的價值，不要用沉默來作為你的回答。這就和沒有壞點子是一樣的道理，即便是頭腦中看似與現狀無關的靈光一現，也可能會給聽你講話的人帶來某些啟示，會議過後，讓每個人的心中都碩果纍纍。

實施指南

當你開口時，其實問題就已經被「回答」了。

你是來參加會議的，不是來旁聽的

麥肯錫的諮詢顧問會在第一回合的腦力激盪開始前，先做一些「家庭作業」：對來自資料庫和圖書館的資訊進行閱讀，從而整理好這些來自初步研究的「數據檔案」，再由合夥人、專案經理或是團隊中的高一級顧問集思廣益，對團隊要進行破壞性檢驗的初始假設進行設計。

既然你已經做足了準備，就不要在把自己的分析結果用語言描述出來方面顯得過於靦腆。你是必不可少的與會人，你身上必須有一股子激情澎湃的參與感，這樣才能真的促成「腦力激盪」。

▌你的沉默或敷衍，會讓別人誤會你

在會議中，千萬不要怕被別人問：「這件事為什麼要這樣做呢？」如果答案是：「長期以來，我們都是採取這種做法的。」這樣的答案往往是不能令人滿意的。因為這個答案辜負了你在腦力激盪之前所做的那些準備工作，也會令別人覺得你準備不足、不夠重視這個專案、或是根本在溝通口才上存在障礙。

▌不要因為害怕被嘲笑「這是個糟糕的回答」而不敢發言

擔心不被認可而拒絕發言是禁錮腦力激盪的桎梏。當不被大家所認可時，無論你的想法很一般，還是相當怪異、不現實，都不妨用幾分鐘來進行解釋。要知道，辯論是腦力激盪的重要組成。能夠激發你思維的那些矛盾，對於好的腦力激盪是不無裨益的。也許在經過討論後，那看似不現實的想法，會變得並不像開始時那般糟糕。最起碼，大家賦予了你一個表達的機會，這既是其中積極的一面，順著這個思路發展，甚至會出現一個此前沒有想到的廣闊天地也未可知。

▌看似明顯或者簡單的問題也會很重要，永遠不要低估它們

不妨以古老的魔術方塊來看待腦力激盪，用小方塊的每一個面來代替一個事實，當進行來回轉動時，也許就會出現我們所要追尋的答案，哪怕是其中的一部分。每一個小塊可能是看似不重要或簡單的，但若是你沒有勇氣或懶得去扭動這個小方塊，那麼就難以多方位地轉動整個魔術方塊，最終你甚至連一面都拼不完整。這樣的腦力激盪注定是失敗的。

關注一些乍看並不值得仔細回答的小問題，有時候確實能幫助你開啟一扇能看得到更美麗風景的窗子。比如，當你做一家資金管理公司的專案

時，在第一次腦力激盪中，專案組新來的同事問：「全世界有多少資金？」
你是應該回答「很多」呢？還是花上點時間和精力去研究一下國際資金管
理的動態變化？說不定一些有用的新見解就會在這個過程中產生，而「很
多」這種泛泛的沒有營養的話是無論如何也不會帶來新收穫的。

你可以說：「我不知道。」

誠實，也是麥肯錫專業操守的重要組成，無論是面對客戶、面對隊
員，還是面對自己。能夠勇於承認自己的無知，也是誠實的一種表現，要
知道相對於吹牛自大而言，承認自己的無知所付出的代價要小得多。

別先入為主，給思想留一片空白

在面對總結出來的團隊基礎數據檔案時，麥肯錫人的態度會分做兩隊，其中一隊以「不要在對自己已經熟悉的問題和數據中進行討論前形成觀點」為自己的觀點；另一隊則會堅持以「如果不想將過多的時間浪費在對觀點的尋找上，不妨就從假設開始」作為自己的觀點。

其實，這兩隊的觀點都是正確的。能首先提出一個假設，是一個良好的開端。但如果是作為團隊的領頭雁身分出現時，即使在此前有一個很好的假設，也不能將它作為答案提出；而應該在進行團隊討論前，首先將其去除，只有這樣，團隊的領導者才能做到熟練地運用各種事實。

案例

當克里斯汀・艾麗森作為一個新人出現在一次腦力激盪時，她的團隊高階專案經理從一開始就要求他們看自己在白板上做問題的分析。所以，一個小時的時間過去了，大家自始至終都在盯著獨自進行自己觀點演示的專案經理，沒人做出有創造性的發言，甚至連一點稍微新鮮的見解都沒有。

雖然專案經理的這種做法，從富有經驗的過來人角度也許會對問題本身具有一定的啟發性，但它卻脫離了腦力激盪的範疇 —— 集思廣益。

實施指南

腦力激盪要求的是，大家拋棄既有觀點，坐在一起進行研究討論。

▌拋棄偏見，只帶著你的論述進會議室

腦力激盪的關鍵在於參與，無論是團隊中高高在上的合夥人，還是最底層的分析人員。要知道，並不是每個合夥人每天都會比分析人員具有更好的點子。腦力激盪會議要求每一個與會人員都要勇於講出自己的觀點。在腦力激盪會議室中，沒有等級觀念和尊嚴，這些先入為主的成見必須被拋諸腦後。召集團隊進行腦力激盪的目的，就是對已有觀點的拋卻，可以帶入會議室的只有已知的事實。

▌你必須認識到：每個人和每個觀點都有相等的價值

面對同一個事物，每個人都有其各不相同的視覺角度，從而形成其特有的觀點。在腦力激盪會議中，我們所要做的就是提出自己的觀點，以便對他人進行激發，但並不一定是作為最終的觀點被認可。每個呈現出來的觀點，都是屬於團隊所有的，而不是個人。當每個人都能自由、自信地做出自己的貢獻時，團隊進行腦力激盪的目的也就達到了。

▌你還必須明確：腦力激盪的目標就是生成新觀點

當團隊的所有成員能在會議室內高度一致地重複那些耳熟能詳的觀點時，你不但浪費了眾多的時間，而且還達不到既定的目標。尤為重要的是，當團隊的領導者將自己的意識加諸團隊每個成員、並得到認可的時候，這個團隊也就失去了創造力和尋求更好問題解決方案的機會。

▎不要讓自己的言談舉止像一個十萬火急的獨裁者

很多人在參加腦力激盪時犯了一個錯誤，那就特別想盡快地表達自己的觀點，並獲得所有人的認同，讓腦力激盪在幾分鐘之內得以圓滿完成。然而，產生新創意並不是一場比賽，那樣急切而刻意的做法會讓其他小組成員覺得壓抑，聽著你的話就像聽著獨裁者的命令一樣，這絕非在腦力激盪上應該出現的情緒和言行。

正確的做法是，一旦腦力激盪過程開始了，就讓你的創意自由流動，如何讓它自由流動呢？你要做的就是給自己的思想留下空白，有了這樣的可塑造的空間，原有創意就能不斷改進，一直到找到足夠的、最為合適的、能對手頭問題進行完美解決的創意，並對它進行假設性實施，然後再踴躍發言，以便達成自己的既定目標。

別死要面子，勇於扼殺自己的觀點

參加腦力激盪，首先需要你做好的心理準備是：你精心預備的會前建議也許一開始就被否決。不管你的觀點有多好，但如果與會議最終答案無關，就必須毫不吝嗇地將它捨棄。你可以把自己的假設當作一個數據，毫無保留地將其交給團隊成員去推敲，看看它是「正確」的，還是「錯誤」的。這裡，最重要的是，你的數據必須能幫助你的團隊全面考慮目前存在的問題。

不要在你的假設裡放入太多的自尊，也不要企圖在會議過程中為你的觀點奮戰到底。換句話說，心胸開闊一些，勇氣鼓足一些，一定要做好自己的假設被槍斃的準備，必要時，還要自己動手扣動扳機，因為不管自己的主意有多麼好，有時也需要適當放棄。

實施指南

在開始解決這個面子問題之前，你應該先問自己兩個問題：

▌你是否與人唇槍舌劍，只為捍衛自己並不成熟的觀點？

要想在腦力激盪時向眾人展現出自己絕佳的口才，與人在對立觀點上的唇槍舌劍有時候是必需的，但若是在明知道自己的觀點不夠成熟、有瑕疵的情況下，依舊「死鴨子嘴硬」地抗拒別人對自己的否定意見，甚至轉而去攻擊別人，那麼即便你能口若懸河，也是一種失言的表現，會招來別人的反感。

保持淡定的態度、開放的思維是你在面對「挑戰」和「責難」時應有的一種從容和成熟。千萬別忘了，你參加會議的目的是與團隊成員一同尋找問題答案，而不是凡事爭第一。

▌你為什麼這麼害怕被人否定

大多數時候，無論在意識層面也好，潛意識層面也好，我們都持有這樣的期待、觀點或者是要求：「我期望別人從來不排斥我，所有人都樂意接受我」「我做了一件好事，就該受到表揚」「如果被拒絕和否定，就就意味著我不夠好」「不但沒有得到反而捱了批評，就是因為我自己不好」「若不能確保一定被滿足，我寧願不表達」「一旦我表達期待，就會得到滿足，不然我會非常傷心」。這種與人溝通的心理是正常的、自然的，但若是太過於敏感脆弱的話，那就需要及時調整了。

▌自省的更高境界是自我否定

你要知道，否定並不是一個貶義詞。在別人否定你的時候，你也應該重新審視一下自己的觀點本身對於專案是否真的有價值、或是它的實現會導致整個專案的失敗？這也就是說，在別人對你提出了異議之後，你要在心裡對自己小小地進行一下自我否定，比如：「我真的說錯了？」

自我質疑、自我否定的目的是為了解決自我發展問題，雖然是痛苦的，但卻是必需的。人無完人，生活中難免有迷惑性，有時就是需要停下來對自己提出質疑或者向別人請教，經常進行自我懷疑、自我提醒、自我否定一下，才能使自己得到提升，更趨完美。戰勝自己就是戰勝最大的敵人，一個人如果連懷疑自己、解剖自己、否定自己的勇氣都沒有，又怎能自稱為胸襟坦蕩呢？又怎能超越自己，發展自己，走出無知呢？就像魯迅先生所說的：「我的確時時解剖別人，然而更多的是無情地解剖自己。」

▋別自我否定過頭

　　雖然自我懷疑、自我否定能達到自我發展的目的，但若否定過頭，也是不可取的。那種完全或者幾乎完全的自我否認、把自己看成一無是處或是一錢不值的「決絕」，會造成過度自卑，從而令人失去面對困難的信心和勇氣，在以後需要發言的場合裡更加緘默不語了。這無疑是職業生涯的自我毀滅。

別節節敗退，用質問力對付故意找碴者

對於那些提出建設性提案的發言者而言，故意找碴者是天敵般的存在。他們頑固地反對不利於自己的提案、故意拖延結論的提出，或是極力縮小提案內容範圍的做法，是那些具有良知的職場人士所不能認可的，在美國商業界，他們的做法被稱為「D&D」。

對於他們的這些做法，麥肯錫人是堅決抵制和一致反對的，最簡單有效的做法就是以質問來進行應對。

實施指南

如何對「D&D」行為進行有效反擊，是廣大職場人士最為頭疼的問題。

比如在公司的會議上，正在做報告的你，被一個情緒激動的同事打斷，他直接站起來，公然地對你的方案提出反對意見。這時候，該如何去處理呢？

其實處理的方法，無外乎如下四種：

1. 冷靜地面對這種情況，妥善地進行處理。
2. 對同事能夠提出不同意見表示感謝。因為相對於工作來講，反對意見的重要性要強過支持，能提出不同意見，這本身就說明同事對我提出的報告進行了認真的思考。
3. 不管他（她）所提出的意見是如何合理、可行，都不應該打斷會議的程序。
4. 這樣對峙型的交流溝通應該安排在會議之後。

很多時候，面對別人對自己的觀點進行「討伐」時，底氣不足的發言人經常會被逼得節節敗退，甚至啞口無言。在這種情況下，麥肯錫人是如何應對的呢？

最有效的「反擊」方法

在公司的全員大會上，當作為公司經營規劃部門成員的你，提出了對員工薪資體系和銷售策略進行全面改革的構想意見時，其他部門的同事紛紛不幹了，人事部的同事認為：工會將會強烈反對該計劃的落實執行。營業部的同事則認為：集團內的銷售代理公司會因為不滿新的銷售方案，而脫離集團。如此看來，這一提案的可行性要大打折扣了。

其實，面對這些不同意見，不妨採取最直接的回擊質問策略。要知道，新方案執行過程中，如何對工會、銷售代理公司進行解釋溝通，正是人事部、營業部的職責所在。

這時候，不妨採取以子之矛攻子之盾的方法，將他們提出的不同方案，直接交給提出問題的人去想辦法解決落實。

在這裡議論的並不是什麼重要問題，別太杞人憂天而止步不前

其實不只是在故意找碴者面前，我們可能會對反對意見持有一種懼怕的態度，就連普通的反對聲音出現時，我們在心裡也有如下擔憂：「考慮到因判斷失誤而帶來的不良後果，不妨考慮暫緩給出結論。」

首先需要明確的是，普通公司要求出席會議的同事進行討論的，很多並不是涉及公司命運的關鍵議案，除非是裁撤大部分部門和員工的議題，否則的話，都是以無關緊要的小事居多。面對這種情況，所有與會者首先應該建立「會議上的議題並不是十分重要的事情，即便是有人不同意我的

看法，也無損大局，更不會對我造成傷害，所以在發表自己的意見建議時，要做到毫無怯意、膽大直言」的想法。

另外，在闡述前瞻性的意見時，要及早做出結論，並第一時間付諸實施。這樣的話，即使在會議過程中出現什麼不順利的情況，也有足夠的時間去進行修改或中止，而不會造成重大的損失。

但是這並不是說，在考慮問題時可馬虎對待。雖然考慮問題可以輕鬆一些，但若是馬虎對待的話，將會妨礙自己工作的順利進行。

別長篇大論，請珍惜別人的時間

時間是腦力激盪的關鍵。正常來說，麥肯錫人在專案組會上進行腦力激盪的時間通常是兩個小時，甚至更多。例如部分專案組的領導會將開會的時間安排在週末，而且會議甚至會持續到深夜。這就讓大部分的人難以接受，在他們看來，腦力激盪這項工作既勞心又勞力。

雖然腦力激盪需要時間，但如果時間過長的話，卻欲速而不達，導致收益減少。在麥肯錫校友看來，當團隊腦力激盪的時間超過兩個小時時，其收益就會因討論氣氛的減弱而變少。尤其是在夜間進行討論時，人們會隨著天色的變晚，而表現得疲倦、暴躁，同時其反應也會變得越發遲緩，要知道整個團隊都是「夜貓子」的情況是可遇而不可求的。

總的來說，千萬不要說起話來長篇大論，不顧別人的感受和身體狀況，要在團隊出現疲勞狀態之前，及時喊停，畢竟來日方長。

實施指南

一般情況下，公司規模越大，召開會議的機率越高。通常有內部預算會議、決算會議等經營例會，董事會、檢查會等商法會議……各種大大小小的會議，占據了工作中相當高的比例。大多數情況下，公司職員在邁出會議室時，常常會發出「白白浪費時間」的感慨，這時候如何做到減少會議次數、珍惜他人寶貴時間就顯得十分必要了。這就要求我們盡量縮短會議的時間。

▎根據「議論」來決策，不如根據「判斷」來決策

這裡有一個能充分說明表達議論和判斷的不同之處的案例：

大前研一，日本著名管理學大師，他曾在 1996 年時擔任耐吉公司的外部董事，以下是他的所見所聞：

在一次公司的董事會上，體育事業部的部長提名當時年僅 18 歲的「老虎」·伍茲擔任公司的專任代言人，毛頭小子「老虎」·伍茲當時正在史丹佛大學讀一年級，雖然他是當時美國歷史上最年輕的高爾夫業餘比賽冠軍，併成功地實現了三連冠，但年輕的他也確實屬於前途未卜的選手。當時體育事業部部長的提案是要求與他簽訂金額高達數十億日元的 7 年合約，這遭到了會議上大多數人的反對，大家一致認為：「一次性簽訂 7 年合約，風險過大，應該先試驗性地簽訂 1 年的合約」，「公司的利潤僅為 200 億日元，數十億日元的合約額太大」。

這時候，作為公司創始人的董事長 Phill Knight 先生提出了自己的看法：「我今天見到「老虎」·伍茲，就如同第一次見到 16 歲的麥可·喬丹在打街球和尚未成名時的撐竿跳高世界冠軍謝爾蓋·布卡時一般興奮，我堅持認為我應該和「老虎」·伍茲簽合約。」

要知道，在商業的範疇中，有很多事情是基於經驗和某種感覺來進行判斷的，而不是透過進行交換意見來驗證。當弄明白決策是取決於會議討論還是判斷時，相信會議舉行的次數和時間也就相應地減少了。

▎按照會議的重要程度來安排自己發言時間的長短

透過持續地對發給公司經營管理人員的內部檔案以及他們回饋給公司的檔案內容進行分析，從而弄明白本週內往來於公司內部的檔案有多少是無關緊要的。

相似的方法同樣適用於檢查公司內部過去一年中自己提議召開的會議以及奉他人召集而出席的會議的重要程度。

根據會議重要程度的不同，分別使用●（十分重要）、★（重要）、※（可有可無）、×（絕對禁止）來進行標註。

對於由自己主持召開的會議，劃分為：

1. ●（十分重要）：及時挽救了公司或部門的危機，帶來直接效益的會議；

2. ★（重要）：做出了決策性決定的會議；

3. ※（可有可無）：沒有做出任何決策，僅僅是溝通了資訊的共享類會議；

4. ×（絕對禁止）：既沒有做出決策，也沒有溝通訊息和達成共識的會議。

受要求或召集而出席的會議，可依如下標準劃分：

1. ●（十分重要）：會議內容與自身息息相關，發言具有決策性的會議；

2. ★（重要）：自己不是會議議題的當事人，但擁有獨到見解，並進行陳述的會議；

3. ※（可有可無）：自己不是當事人，也沒有發表意見，僅僅獲得會議的資訊和認識類的會議；

4. ×（絕對禁止）：整個會議過程中一言不發，只是聆聽，沒有因參加會議而產生積極作用的會議。

當自己作為會議的組織者，召集人們進行會議討論時，要盡量避免舉行「※」級和「×」級類別的會議；同時自己也盡量避免參加這兩個類別的會議，以免造成自己和他人時間上的浪費。

會議的時間分配也是有套路的

當會議的時間設定為 60 分鐘時，不妨讓會議的主持者用開始的 50 分鐘來對議案進行說明，然後展開 7 ～ 8 分鐘的即席討論，最後用 2 ～ 3 分鐘的時間來進行結論。

假如你恰好就是主持者，你的發言時間就會占去整個會議的絕大部分時間，這會導致主持者之外的成員無法形成自己作為會議參與主體的意識；如果你只是普通與會者，這幾分鐘的討論時間裡，若是全被你的滔滔不絕占用，那麼這場會議是無論如何也不會在預定的 1 小時內完成的，其間其他人的討論無法有效地進行，也就得不出圓滿的結論了。

你自顧自地長篇大論的附加影響是什麼呢？為了保障與會者有足夠的時間進行討論，可以將會議的時間延長為 2 小時。但是如果在會議中討論時間過長的話，常常會出現話題轉移的情況，甚至會導致失控現象的產生。所有這一切，將會導致最後大會不能取得最後結論，而匆匆結束。如果不能糾正這些問題，即使開再多的會議，也將無法取得最後結論。

要想透過會議的反覆討論得出最終結論，需要在會議的過程中做好如下幾點：

首先，將會議的舉行時間定為 60 分鐘；

其次，為便於與會者加深理解，可以使用最初的 30 分鐘時間對議案背景等情況加以說明；

再次，將討論的時間定為 20 分鐘；

最後，做最後 10 分鐘的結論，同時明確下次會議的時間及會議議案。

這是舉行會議時最為合理的安排，為了縮短自己的有效發言時間，你必須有備而來，所傳達的話語一定要句句把握住問題點，這時候再進行會議，才能夠一步到位，直接開始實質性的討論。

　　需要提出的是，即便是確有必要安排全天的會議，也要考慮到讓與會者保持充沛的精力。適當的跑題和恰如其分的笑話，能夠有效地緩解人們的疲勞，但要做到適度，以便能及時地回到主題。合理的休息安排，如午餐、晚餐，疲勞時的休息，適時的會間休息，正是大家整理思路和活動筋骨的絕好機會。

第二章
訪談時的說話邏輯

　　訪談的重要性是麥肯錫一直強調的事情之一。事實也是如此，在每一個專案中，與客戶進行訪談已成為必不可缺的一個重要組成部分。有效率的訪談也是麥肯錫諮詢顧問增長知識、更全面地了解客戶的有效方式。

　　特別提醒您：訪談本身是一種人與人之間的交流技能，我們將協助您掌握並靈活運用它。

有的放矢，準備一份訪談提要

每一次我希望麥肯錫的校友可以幫助我對訪談提出一些可行的建議時，他們都會隔空回答我同一句話：「先去寫一份訪談提綱吧！」後來我才知道，無論何種專案，麥肯錫都會有一個不變的操作流程，並爭取保持目標的統一性 —— 在做訪談之前，必須做好萬全的前期工作。或許你只爭取到了 20 分鐘去採訪一位你很難得遇到的訪談對象，或許很多人十分討厭訪談，因為它將占用對方寶貴的時間，在這時，若你針對每一位受訪者做出周全的訪談提綱，那麼在短時間內，你絕對可以從受訪者那裡得到珍貴的資訊。

什麼是訪談提綱？總的來說，訪談提綱就是預先整理好想了解並提問的問題和順序，再由此制定一個有條理的提問目錄，也可以理解為預先對訪談進行一個流程結構規劃。訪談提綱的重要性不容小覷，它可以使你在訪談前做足心理準備，避免臨場的尷尬和緊張，幫助你在訪談時得到最好的發揮，也是讓你更有效率地訪問到重要資訊的策略之一，讓你更準確地找到問題的關鍵點。並且，它可以讓你更加正確地引導受訪者的思路，避免話題偏離主題思想。

但有時因為環境的不同，很多訪談並不注重這一點，在準備不足的情況下進行訪談，常常會導致訪談者得不到重要的資訊，訪談過程中沒有引導性和連續性，甚至會因為不正規而讓受訪者產生牴觸的心理。

實施指南

很多時候，我們不能預測訪談的過程中會遇到什麼突發狀況，也不能完全了解受訪者的全部資訊，但在訪談前，訪談提綱是最基本的、最重要的操作流程。

訪談提綱一定要簡明扼要

不要忘記訪談的目的是為了獲取到你想要的資訊，所以在有限的時間內，要抓住交流的重點，不要對無謂的事情過多地浪費時間。因此，在準備的提問目錄中應該標記出三個左右的重要問題，圍繞著這幾個問題進行訪談將會大幅度提高訪談效率。另外，不要忘記在訪談的最後問一問這個問題：「我是不是還忘了問些什麼？」在某些時候，這十一個字會帶來意想不到的收穫。

訪談提綱內容：
你要去對何人進行訪談？為什麼要採訪這些人？

在跟相關部門溝通、與客戶交流、拜訪合作企業等時候都會涉及訪談。對此，很多人都能做到在訪談中提供重要的資訊，比如顧客、供貨商、客戶公司的負責人、生產線上的普通員工，甚至是競爭對手。如果你需要得到關於某個企業的實際情況，那麼必須向專案對應的、位於第一線的人員進行訪談，盡可能地從他們的嘴裡得到準確的訊息。對此，在訪談之前一定要先了解你要訪談的對象。

他的溝通性格如何：是一個友善的人嗎？還是脾氣糟糕的人？若問到他不想回答的問題，他會惱羞成怒嗎？再者你要認真思考一下：他是否有發言權？他會不會因為不知情而無視你的提問？這些問題的答案，將會決定你對不同的訪談對象要採取哪些不同的訪談方式。

▌訪談提綱內容：
▌你需要明確知道所問的問題是什麼？

在訪談開始之前，你需要把你要提出的問題按照先後順序整理出來，並將其簡化。在時間不允許的情況下，要隨機應變地剔除一些無關緊要的問題。

或許在訪談前你已經了解了一些問題的答案，對此，在訪談中你可以加入一些已經知道答案的問題。這實際上是一個「圈套」，從中你會看出受訪者是不是真誠。但很多時候，受訪者也會說出一些你知道的答案以外的事情，要知道，答案不是唯一的，它是由很多的細節組成的，也有很多你忽略掉的地方，所以要在提問中，盡可能找到更多的答案。

在你完成了訪談提綱後，有必要找到你認為最重要的問題牢記在腦子裡，並在訪談的過程中盡最大能力找出答案。很多時候，答案不會浮出水面，但只要你善用恰當的提問，答案就會很輕易地出現。

對可能餘下的訪談時間做一些規劃。有時可能會碰到這種情況：當你已經問完了所有的問題，並且得到了滿意的答案，但是離預想的結束時間還剩下很多，那麼這時你不妨問一問受訪者：「我是不是還忘了問些什麼？」或是「我是不是忽略了什麼？」大多數情況下，受訪者會回答說：「沒有了。」但是有些時候，由於受訪者對於公司的了解度，他們會很願意和你分享一些你沒準備涉及的重要資訊。

訪談提綱內容：
從這次訪談中，你真正需要獲得的是什麼？你試圖達到的目的是什麼？

對訪談目的的確定性，有助於你持續地完成整個訪談的流程，最高效率地獲得你想要的資訊，並圍繞主題進行自然的表述；更有助於避免大家都發生跑題這種不專業的事情。

訪談提綱內容：
了解你和被訪者的議事日程，把訪談時間安排好

我想，大部分的人都不喜歡「突擊訪談」，所以訪談前的交流是極有必要的。當你作為一名訪談人員時，你的工作之一就是預見並處理好訪談中可能出現的突發情況，從這個角度來說，訪談前的交流恰好具有防患於未然的作用。

充分利用每一個可能給你提供關鍵資訊的人物的溝通機會，最大限度地與他們建立良好的關係。在訪談的前一週，應該把整理好的訪談提綱寄給受訪者，讓他們有足夠的時間做好心理準備和查閱數據，對方也會利用這些時間構思出完善的回答內容。即使採訪人員臨時新增了一些提問，因為受訪者已經大體掌握了訪談流程，他們也會給出完美的回答。

訪談成功的七個祕訣

有一點你可能沒有意識到 —— 你每天都在和不同的人訪談。思考一下，對於那些正掌握著你想解決的問題的相關人士中，你與他們進行了多少的交流？最後真的獲得你想要的東西了嗎？是不是有時候只是一無所獲呢？那可能是因為你用錯了訪談的方法或是根本就毫無章法可言。

為了促使訪談事半功倍，在訪談開始之前，你就必須掌握一些訪談的竅門，麥肯錫諮詢顧問有許多高效的訪談祕訣可供學習：

1. 讓被訪者的上司安排會面；
2. 兩個人一起進行採訪；
3. 聆聽，不要指導；
4. 複述，複述，複述；
5. 採用旁敲側擊的方式；
6. 不要問得太多；
7. 採用可倫坡的策略。

雖然訪談的目標和背景可能大不相同，但其實流程都是大同小異的。麥肯錫的諮詢顧問一直掌握著此原則，並可以運用相同的模式來應對不同的受訪者。事實證明，這是最省時並且最高效的訪談模式。

實施指南

任何訪談要講究策略，想在規定的時間內得到有價值的資訊，可嘗試以下幾個有效的策略：

▋讓受訪者的上司安排會面

讓上司告知受訪者這次訪談的重要性。當受訪者得知了上司內心的想法，那麼他會對你的訪談多加重視，因此，他會用很多時間來準備與你的訪談，並在訪談的過程中給予配合，這樣可以避免困境出現。

▋兩個人一起進行採訪

獨自一人完成一次精彩的訪談並不是一件容易的事情，你很有可能在忙於記錄時忘記你的上一個問題，或是因為短暫的「思維短路」而讓訪談偏離主題，也很有可能忽略一些受訪者提供的重要線索。在這時，兩個人一同訪談的效果會更好一些，可以用分工的方式，這樣能避免很多意外情況的出現。並且，在訪談的過程中，觀點的不同也會引發出新的話題，挖掘出更有價值的資訊。值得注意的是，不管誰負責訪問，誰負責記錄，都要保證兩位訪談者的步調一致。

▋聆聽，不要指導

要知道，你的受訪者對自己行業的了解往往比你還要多，所以，他向你提供的資訊都會成為有價值的資訊。在訪談時，你不要局限於是或否，要開放式提問，這樣才會得到更多的答案。當對方並沒出現沉默或跑題的情況時，就不要胡亂指導提示，雖然這可能讓對方說出你希望聽到的結果，但那不是事實，沒有實際的參考價值。在不偏離主題的情況下，盡量做到多聽少說。

▋複述，複述，複述

學會用不同的形式複述受訪者的回答，這一點在訪談時很重要。很多的受訪者並不能有條理地將自己的想法完全表述出來，他們會在談話的過

程中牽扯到一些毫無意義的事情上，或是在關鍵的話題中模糊不清。面對這種情況時，你可以組織好語言將那些你捕捉到的重要資訊複述給你的受訪者，這時，受訪者會在你的引導下告訴你你的理解是否正確，同時，複述也是讓受訪者補充資訊和重點的一種方式。

採用旁敲側擊的方式

訪談過程中，不要單刀直入地對受訪者提出敏感或是刁鑽的問題，這樣做會讓受訪者感受到威脅和牴觸，會破壞愉快的訪談氛圍。這時。不妨在幾個重要的問題邊緣繞繞圈子，這會讓訪談感覺上柔和很多。總之，要注重對方的感受，盡可能讓受訪者感覺到愉悅和舒適。

不要問得太多

記住，這只是針對某個專案的商業訪談，與一位傳記作家的工作性質是不一樣的，你無須問得太多，更沒有必要把受訪者從裡到外扒個精光，只要獲取到自己在訪談提綱中列出來的問題答案，訪談就算圓滿了。你當然可以隨機應變地提出一些「意外」問題，但那得建立在受訪者樂於主動訴說的基礎之上。若是「意外」問題太多，你的訪談也會出現意外，比如受訪者的緘默不言、氣急敗壞等等。

採用可倫坡的策略

可倫坡探長是 20 世紀 70 年代美國電視劇中彼得·福克扮演的角色，他常常在結束對嫌疑人的詢問之後，慢條斯理地拿起帽子，披上風衣，緩步走房門。每當他走到門口將要離開的時候，他都會忽然地轉過身對著嫌疑人說：「不好意思，先生，我還有一個問題想核實一下。」通常在這個時候，嫌疑人會露出馬腳，這也是可倫坡找到線索的關鍵。

　　在訪談中你也可以效仿這一點。每一個受訪者在訪談結束後，嚴謹的心態都會鬆懈，同樣，對你的防備心也會有所減少。趁這時，你可以向他詢問你想知道的資訊或是數據。當然，你不必像可倫坡探長一樣拿起帽子披上風衣，走到門口時再開口詢問，你可選擇在一兩天之後，以「偶遇」的方式來詢問，這樣看起來會自然很多。同時，受訪者也不會有那麼強的牴觸心，這會使你很輕鬆地得到你想知道的答案。這一招確實很奏效，但不要太多刻意，不然會適得其反。

訪談伊始，注意規避敏感問題

在不斷的摸索實踐中，麥肯錫員工總結出了自己的經驗：在實際的訪談過程中，最初的影響定下了接下來的基調，所以說，它是十分重要的。

在麥肯錫的訪談邏輯看來，當埋頭進入敏感領域時，往往會觸及被訪者的隱私。所以在第一次訪談時，不妨先從那些平和的一般性問題開始，諸如行業概況等，由淺入深，逐漸地轉入具體問題的討論。這對於促進受訪者提前進入訪談狀態，建立彼此間的和諧關係是很有幫助的。

實施指南

那麼，在訪談伊始，我們應該做些什麼才不會觸及受訪者的心理雷區呢？

你的受訪者的敏感點，你找到了嗎

麥肯錫的諮詢顧問不會在一開始時就以「你肩負的是什麼職責？」以及「你在這個行業已經做了多久了？」這類的敏感問題來作為開端的，因為這都是需要提前做鋪墊後才可以詢問的深層次問題。比如，面對正在削減的專案進行參與時，或是正在裁員的專案時，如果一開始就提及對方目前工作的年限以及對方對公司的盈利貢獻都是不合時宜的。

英語中以「cold call（陌生電話）」來稱呼對不相識的人所進行的電話訪談。當熟練掌握這項技能時，能夠急速地提高生產力。當你告知對方

「我所工作的是正當公司，或是正在進修於大學、研究所，對於涉及的保密內容，可以完全不說，而且所談及的內容僅用於內部討論」時，大部分人都會很配合的。

了解被訪者的內心目標有助於避免觸及其敏感點

雖然每個人都有自己的想法，我們身邊的每一個僱員、顧客、競爭對手也是如此。而他們的這些想法正是其內心目標的代表，是希望對其進行完成和促進的。個人的想法不同，彼此間有衝突也是正常的，而訪談人員的任務就是對這些情況做出預見和規劃。比如面對自己所採訪的對象，在完成自己訪談目標的同時，應該對其所遭遇的情況表示同情，同時在採訪的過程中盡量避免提出摩擦問題。

如果敏感話題必須問，那麼就利用順勢自來熟來鋪墊一下

在訪談開始時，需要採用緩慢的語速和溫和的語調；還應先對自己要做的任務和採訪對方的原因做個簡單介紹；選擇開場白盡量避免使用諸如「今天天氣很好，是嗎？」這種毫無意義的話語，而應該使用「憑藉你銳利的眼光，竟然發現這件裝飾品上如此隱蔽的瑕疵，可見你對工作是何等投入啊！」這樣的恭維話。

這些舉措的目的是爭取和受訪者拉近距離、達成共鳴，使對話能順利進行，以便能夠完美地接合訪談者和他的工作。雖然面對不同的環境，要盡量採取靈活多變的方式，但是提出敏感問題前的溝通，卻是必不可少的。

耐心傾聽，是你丟擲的橄欖枝

麥肯錫諮詢顧問在接受訪談技術方面的培訓時，一定會學到這一課——「讓受訪者感受到你在用心傾聽」。任何一次訪談，都會有其目的性，其中不乏想了解對方的資訊、資源或是經驗。所以，在訪談中，訪談者扮演的是「聽故事的人」，而不是「講故事的人」。

當受訪者在回答問題時，你要先向對方丟擲善意的橄欖枝，讓對方知道，你是很願意去聽他講話的，你對他說的話更感興趣。要知道，每一個人都有不同的經歷，都有獨立的思維方式，做一個好的傾聽者，不要隨意打斷對方的講話。

案例

1997 年離開麥肯錫的迪安·多爾曼（Dean Dorman）在奇異工作了一年後加盟了一家電子商務公司，後來，一次機會讓他成為銀橡（Silvero-ak）公司的總裁兼經營主管。他是一個很有上進心和責任心的人，對待工作一絲不苟，從不食言。但是他成功的祕訣不止這些，他曾說過：「傾聽是很重要的一件事情。」

他在晉升銀橡公司總裁前，曾在在諮詢部工作了一年多。在那段時期的主要工作是設定管理計劃，對公司提出建設性的意見。在他晉升總裁後，他的第一項工作就是用「看、聽、學」的訪談方式來驗證自己之前的建議有沒有可行性。為此，他利用了兩個月的時間，專程會見了各個部門的領導者，並單獨和每一位領導者進行兩到三個小時的交談。

由此可見，好的管理者是懂得將時間分配在「聽」上。但在現實中，很多大型的企業並不注重這一方面，甚至從未提供過這部分的培訓。對於這一點，麥肯錫非常注重，並且一直強調「聽」的重要性，在合適的時間針對相關人員專門開設關於「聽」的課程。

實施指南

在與受訪者交流時，一定要讓對方感受到你在用心傾聽，並且要傳遞出「我對你說話的內容很感興趣」的資訊。

訪談時，隨時讓受訪者知道你在傾聽

聽說過「麥肯錫咕噥」嗎？其實這代表的是在交談過程中我們經常使用的口語，比如「嗯」「我知道」或者「原來如此」這種特殊的語言。我們都知道，這些語言實際上毫無意義，但是它們的出現會證明你在用心傾聽對方的講話，也會給對方鼓勵和組織語言的機會。

在傾聽的過程中，我們可用適當的肢體語言來表示「你說得不錯」，或給予對方鼓勵和誘導。當然，這不單單是點點頭那麼簡單。比如，在受訪者說話時，我們的身體可以微微向對方傾斜，表情也要根據談話的內容發生變化。若你真的投入到其中，那麼這些動作會自然地流露出來。

當受訪者每講完一句話，我們除了應該點頭表示「我知道了」，也要拿起筆做一些記錄。儘管有時受訪者會講一些並不重要的話題，在那個時候，我們也要象徵性地做做記錄，因為這是傾聽的一種表現，並且這樣做可為記錄下重要的內容時刻做準備。

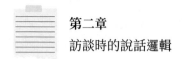

耐心傾聽不等於從頭「嗯」到尾

值得注意，在使用「麥肯錫咕噥」這門技巧時也要注意「火候」。

麥肯錫公司裡發生過一件真實的事情，當時是一位入行不久的諮詢顧問訪談一位客戶團隊中的高階管理員。諮詢顧問先是對受訪者表示了友好，再開始向對方提問。整個過程中，那位諮詢顧問不住地點頭，時不時插入一句「嗯」「我明白」，並且一直在做記錄。他只顧著做一個稱職的傾聽者，而忘記了自己還是一個提問者。訪談進行到了一半，只聽受訪者停下口中的話題，問他說：「你只會說那兩個詞語嗎？難道是我在訪談你嗎？」

為使訪談內容不偏離主題，在必要時可打斷被訪者

進行訪談時，仔細傾聽和適當引導是同等重要的。耐心傾聽的「弊端」之一就是把談話的主動權交了出去，被訪者暢所欲言、侃侃而談，但很有可能會把大部分時間花費在談論與訪談主題無關的內容上。因此在傾聽的同時，必須豎起耳朵，保證訪談內容沒有偏離主題。在必要的情況下，可適時切入新的話題，禮貌地引導對方回到正題。

尊重被訪者的感受

先從一個故事開題：

專案經理和從海軍退役的新諮詢顧問一起採訪客戶團隊的領導者，為此，他們策劃出了一套很周全的訪談提綱，並在訪談前就一系列目標達成了共識。訪談開始，專案經理讓新諮詢顧問做前期的鋪墊，誰知新諮詢顧問為了儘早得到重要的資訊，便對受訪者問了一系列敏感的話題，並且步步緊逼不允許受訪者偏離話題。輕鬆愉悅的氛圍被打破，取而代之的是一場嚴肅的審訊。最終，受訪者表示不予配合，氣沖沖地離開了會議室。

是什麼導致了訪談終止呢？

其實，大部分的受訪者都很願意配合，但是一想到自己是代表整個專案組甚至於整個公司，心裡不免有些七上八下。這時，身為訪談者有必要對受訪者的不安保持敏感度，這樣做不僅可以鍛鍊你的商業觸覺，也可以與受訪者建立良好的合作關係，從對方那裡得到你想要的資訊。

案例

這個真實的故事是希望讓大家了解到一次正規的訪談會給受訪者帶來多少不安和恐懼：

為了更容易完成客戶公司的重組專案，麥肯錫的一位諮詢顧問和他所在專案的高階經理特地去訪談客戶公司的部門經理。這位部門經理在該公司已經工作了將近二十年，他很擔心訪談時自己會出現錯誤，被公司掃地

出門。當訪談者出現在公司時，他就感覺到了緊張和不安，為了緩解這種壓力，他主動去給訪談者倒咖啡，但是由於他很緊張，手握的咖啡壺一直抖個不停。見狀，他不得不將咖啡壺放下，只見他深吸了一口氣後，重新拿起咖啡壺，將壺嘴的邊緣抵住咖啡杯，才順利將咖啡倒了出來。

實施指南

對受訪者而言，絕大部分的訪談者都會處於對自己有利的位置。因為訪談者都帶有一定的目的性，有著公司的權力和權威作為支撐，在訪談中不免會帶著「官方」的影子。那時，你的職權可能會高於很多人。不妨想像一下，假如一位背負著公司話語權的小部門經理接受你的訪談，他的壓力會有多大。

訪談中，善於與對方溝通是確保訪談真實有效的方式之一。但要清楚，「提問」並不是「溝通」的途徑。在前期溝通時，最重要的一點是要營造交談氛圍，無論在何時，都要尊重你的受訪者，同時，要盡可能地打消受訪者的不安和緊張。切記，尊重是溝通的基礎，在交談過程中，不能高傲，更不能處處逼人，要以友善、平等的姿態對待你的受訪者。不要讓對方感受到壓迫感，不然對方很難對你吐露心聲。

減輕受訪者的焦慮

每一位受訪者在接受訪談時，或多或少都會對自己表示自我肯定，他們會期待最終的效果超乎自己的想像。這種心態無形中會給予他們很大的壓力。所以，在陌生的環境、面對陌生的訪談者，受訪者會對自己所說的一切產生顧慮，這時，緊張的情緒就會產生。

出現這種情況，作為訪談者最好用你敏銳的觀察力來判斷對方產生緊張的基本原因，並且引導他克服緊張情緒，用溝通營造最理想的訪談氛圍。與受訪者溝通時，表情要親切自然，說話要注意語音語調，恰如其分地表達才會在短時間內消除兩者間的距離感。相反，如果你的態度強硬、聲音犀利，那麼對方一定不會對你敞開心扉，甚至會對你有所排斥。

▌不要「壓榨」受訪者

首先，切勿去詢問每一個受訪者都知道的事情。在訪談之前，你一定會對受訪者有了充分的了解，當你在設立訪談提綱時，也已經列出了幾項重點問題。如果在訪談中，你繼續把問題的重點放在行業的專業知識上，那麼你會發現，在受訪者的回答當中，很多的資訊都是你在之前已經掌握的資訊。

其次，和填鴨式的教學方法如出一轍，窮追不捨的提問方法也會令人覺得缺乏空間感，當你連珠炮似的丟擲自己的問題時，有沒有考慮過被訪者的感受呢？他們也是如你一般熱情如火地想把所有的問題都回答一遍嗎？很多時候都不是這樣，接受訪談，尤其是商業問題領域的訪談，對很多人來說都不會是一段愉快的經歷。他們希望訪談是舒適的、自然的、非被動的，這也就是說，受訪者非常需要你做出尊重其感受的言行。沒有人喜歡被當成嫌疑犯一樣地審訊，若你步步逼問，一定會導致危機的更新，最終，受訪者有權利提出不予配合。所以，為了不把自己逼進「死胡同」，最好不要扮演「警察」的角色。

所以，不要在訪談的過程中問個不停，好像「榨汁機」一樣地將對方「榨乾」，這樣會影響到下一次的合作。切記，每次訪談探討 2 ～ 3 個話題是較為適宜的。

▌與受訪者分享資訊

訪談不僅僅是一問一答，它本質上是一種資訊交換的過程，更近乎於朋友間的聊天，受訪者在這樣的「聊天」過程中一方面希望別人接受自己的想法，一方面也希望自己能獲取新的資訊。有所付出的時候，每個人都傾向於得到回報，這是一種懷揣期待的情緒，如果你懂得尊重受訪者的感受，那麼一定不要忽視這點。

再者，「交換」也是訪談的方式之一，受訪者向你提供了需要的資訊，假設你也有對方想了解的資訊時，可以與他分享、交換。我想大多數的人會對此很感興趣。

總的來說，在訪談過程中要適時地給予對方引導，要讓對方感覺到被尊重與被重視，這對於訪談來說是非常重要的。

麥肯錫不接受「我沒有想法」這種回答

　　輕鬆愉快的氛圍是訪談者最為理想的訪談場景，試想一下，受訪者談笑風生、侃侃而談，與訪談者之間其樂融融，這是多麼和諧的一個畫面。可在實際生活和工作中，很多的訪談不盡如人意——訪談者硬著頭皮追問，受訪者表示無話可說，整場訪談一片死寂。

　　麥肯錫這樣認為：只要勇於探索和求證，每一個人總會有很多想法，即使面對的是敏感型的問題，他們也會很完美地詮釋。假設受訪者一直迴避他可能知道的問題，那麼不要因此而妥協，因為他們口中的「我不知道，我沒有想法」其實可翻譯為「我懶得回答這個問題」或是「我很忙，我沒有時間去思考這個問題」。對於這種答案，麥肯錫是不會輕易接受的。

　　對付這種情況，你要做的是循循善誘，慢慢引導受訪者說出你希望知道的答案，最後結合對方所具備的專業知識和一些真憑實據，問題的答案就近在咫尺了。

案例

　　賈森・克萊因想成立一個新專案組，在此之前，他了解到他們最大的競爭對手的開銷遠遠超過了他們。為了向董事會拿到更多的資金和資源，他想向董事會證明這一點，為此，他想到和自己的團隊一起做一個利潤表來證明競爭對手開銷的數量。他是這樣做的：

　　在最開始時，我團隊的成員都表示說：「不知道，沒有想法。」我告訴他們：「我們不知道競爭對手在廣告方面的開銷，但我們可以推測；我

們不知道競爭對手在產品製作成本方面的開銷，但我們可以估算產品的部門成本。用這些數據，再和財務報告上的銷售量相乘。」

在我的提議下，我們團隊做出了一份很周全的利潤表，這份表格也有力地證明了我的推測。

實施指南

與案例中的情形相似，當你在訪談時向某人提出一個問題後，他只是回答：「我不知道。」這種交流確實談不上是真正的交流，著實令雙方都覺得尷尬。

只顧及自己說得是否精彩，而不在意受訪者說得是否精彩，這不能稱為一個優秀的訪談者，所以，當面對「寡言型」受訪者時，與對方的溝通是至關重要的。有效的溝通是拉近訪談者與受訪者之間距離的一種方式，也是獲得第一手數據的關鍵途徑。

不要把與對方交談當成很輕鬆的工作，而是要將其當成一個挑戰。要知道，你所面臨的挑戰是方方面面的，包括如何獲得重要資訊、如何面對突發狀況等等。當對方不予配合、不願意和你分享資源時，你要做的就是採取相應的措施。這就如同一位雕刻家將一塊木頭雕刻成一件精美藝術品一樣，要把所有的邊邊角角去掉，剷除對方「我沒什麼可說的」的心態。

值得一提的是，一般「寡言型」被訪者普遍分為三種類型：一、不想交談這個話題；二、不喜歡與人交流；三、不知道如何回答這個話題。下面依次對這三種類型進行見招拆招：

▍「不想交談這個話題」，曉之以情，動之以理

把訪談作為結識新朋友的途徑，耐心地向對方講解訪談的目的以及他們的作用，積極地與對方交流有價值的資訊並鼓勵對方參與到談話中來。讓受訪者了解到，這不僅僅是一次簡單的訪談，而是為公司解決問題的一個重要環節。如果公司因此更有效率或是創造了利潤，而受訪者就是提供幫助的關鍵人士，對他來說這是有利的。

撬開被訪者緊閉的嘴雖然是你實現成功訪談的強烈意願，但是仍要根據現場情況來充分尊重訪談對象的意願。有的人選擇回答「我沒有想法」或「我不知道」，這麼說的出發點可能是為了保護他人隱私或商業機密，也有可能是因為個人原因不便多談，無論是哪種情況，當面臨尷尬時，開展另一個話題是給受訪者最大的尊重，他會對你充滿感激。

▍「不喜歡與人交流」，營造輕鬆的對話環境

營造輕鬆愉悅的交談環境和使用通俗易懂的語言溝通，這對於不善談的受訪者來說是一種很有效的解決方式。受訪者中，不乏容易怯場或是語言表達能力不強的人士，他們很難將自己的想法準確地表達出來，所以經常出現尷尬或者冷場的情況。這時，訪談者就要嘗試去引導受訪者，營造出輕鬆的氣氛讓對方消除心中的不安情緒。可以考慮走出正規的會議室，到對方熟悉的環境中進行訪談，這種親切的舉動可拉近彼此的距離，並且能讓受訪者敞開心扉。可以從受訪者感興趣的話題切入，這樣就會順利地進行整個訪談。

▍「不知道如何回答這個話題」，重新調整你的問題

很多問題會讓受訪者感到無從回答，面對這種狀況，大多都是訪談者的提問方式出現了錯誤，或許是問題太過廣泛，讓受訪者找不到合適的切

入點。這種情況下，你就必需根據對方的理解能力和職能範圍來適當往具體問題引導了。

值得注意的是，如果你詢問受訪者「是否問題」，或是詢問「多項選擇題」，那你獲得的答案就會受到局限，當你再繼續追問受訪者的想法時，他的思路可能在回答是否問題時就戛然而止了，此刻只能回答：「我沒有想法。」針對這種情況，你可以選擇向受訪者提問一個開放性的問題。打個比方：若你想知道商家在哪一個季節最忙，但你不確定是冬季或是夏季，於是你問受訪者：「最忙的季節是冬季還是夏季？」那麼得到的答案或許會是：「冬季最忙。」或是：「我覺得是春季。」當受訪者說出這個答案後，他不會在這個問題上過多地考慮。如你換一種提問方式，例如：「您認為哪一個季節最忙呢？」你會發現他給你的答案會豐富很多，他會回答說：「我認為夏季最忙，尤其是天氣晴朗的時候……」當問的問題具有了開放性，獲得的答案說不定會更有價值。

▌沉默是話語爆發的催化劑之一

當你認為受訪者說的答案不夠多，或者說得不夠全面，那除了引導之外，還有一個可行的方法是你繼續用心地傾聽，什麼都不要說。大多數人對於忽然的沉默是很有恐懼感的，當雙方沉默時，受訪者很有可能重新拾起話題侃侃而談，將平靜打破。假如受訪者已經事先打好了草稿，前面也應該「言無不盡」了，那麼這時他們將會說出一些不曾想提起的「知無不言」的事情。所以，「沉默」是讓對方措手不及的「祕密武器」，在恰當時機使用「武器」，將會得到意想不到的收穫。

如何應付棘手的訪談

‧‧

事實上，「特別」的受訪者數不勝數。不可否認，無論你在訪談前準備得多麼充分，在訪談時態度多麼和善，你都可能會接收到「身上帶刺」的受訪者發出的不友好訊號。

對此，麥肯錫總結出了應對棘手訪談的原則：不喪氣、不妥協，理智地繼續前進。

在面對對方的挑釁時，不能做出委曲求全的姿態，更不能過於憤慨，這兩種做法只會助長對方的氣勢。相反，應該沉著冷靜地對待並且分析原因，你的態度會展現出你的專業性和你的人品，進而讓對方打消對你的敵意，順利地進入訪談狀態。

案例

紐約市一家知名經紀公司邀請了麥肯錫為其專案進行全面的檢查，原因是公司近期的利潤率已低於它的競爭對手了，為此，經紀公司處於面臨虧損的危險處境，上上下下面對的都是裁員的危機。

對於麥肯錫的參與，經紀行不同層面的人自動在短時間內組成了兩個派別 —— 支持派和反對派。並且他們氣勢洶洶，早已做好了「奮鬥」準備工作。

新任的專案經理哈米什‧麥克德莫特計劃將經紀公司的高階經理及其部門負責人聚集在一起開一次會議。當他走進高階經理的辦公室時，只聽對方說道：「你就是哈米什‧麥克德莫特？我知道你，就是你在董事會那邊說，我不可能完成成本縮減的目標。沒錯吧？」

怎樣處理眼前這種直接的對抗呢？來看一下哈米什是如何自述他的應對策略的：

他的言辭對我來說很具有針對性，但事實並不是他想像的那樣。當時我控制著自己的情緒，沒有惱怒，也沒有妥協，我只是平靜地告訴他你誤會了，並且希望他配合我的訪談。

他確實是個「不好對付」的人，之所以這麼做是因為他想消滅我的氣勢。我明白：當遇到了這種事情時，一定不能打退堂鼓，要當面指出他的錯誤，這樣對方才能配合你的工作。

不得不說，這種做法很有效。在交談過後，他手下的幾名反對我的員工主動向我提出了道歉。不僅如此，我們還增加了很多的信任，這對我以後的工作有很大的益處。

實施指南

在訪談中，難免會遇到一些突發狀況，只要你了解到不同問題的解決方法，那麼很多難題還是可以輕鬆解決的。

▊輕度棘手：你得讓自己的訪談態度強硬點

可能在訪談中你會遇到這種受訪者 —— 他們對待事物有自己獨立的視角，心裡明白應該怎麼做，但就是不認真配合。他們的態度冷漠或是傲

慢，不會正面回答你的問題，雖然不會直接與你發生衝突，但這也是很棘手的狀況。

一旦發生這種情況，你一定不能妥協，要拿出自己的「態度」。比如：受訪者態度怠慢，那你就要強硬起來，讓對方知道，你是公司或是客戶派來的採訪人員，這是你的任務，如果他不配合，那麼就只好採取強硬手段。若對方還是不予合作，那麼必要時你可以打電話通知負責人，向他簡報現在的處境。當然，這只是一條建議，要知道，這麼做的目的並不是「告密」，而是希望透過這種方式得到對方的配合。

▍中度棘手：不要在一棵樹上吊死

有的人可能會告訴你已經知曉的事情，但會有意扣留關鍵資訊，不會告訴你任何實質性的內容，這會讓你的訪談陷入僵局。心理學家將這種人稱為「消極型激進派」。

對付這樣的人，最簡便的方法就是間接法，也就是轉向其他的資訊源，去訪談公司中與其具有相同價值的人，讓他告訴你想知道的事情。如果只有棘手的受訪者知道這些關鍵資訊，就要請他的上司向其施壓了。

▍重度棘手：公事公辦，拿出你的專業工作態度來

有的人則可能不僅不配合你，還會對你表現出非常不專業的工作態度，甚至惡言相向，這部分人是最棘手的受訪者，會令訪談者在解決問題過程中工作受到切實威脅。對此，你除了表現出你的專業度之外，唯一能做的只有硬著頭皮繼續按照流程走下去。因為你在確保自己不會因情緒激動而丟掉飯碗的同時，也要維護公司的利益和形象。

對於這一點你要清楚，你在公司中權力的極限就是你策略的極限。例如，麥肯錫的諮詢顧問通常都有最高管理層的支持作為保障，對此，任何挑戰他們都可輕鬆解決。反之，若是你不具備強大的支持作為保障，甚至你的受訪者的職位高於你的專案經理，那麼在對方向你提出挑戰之時，你很有可能會因為局限而屢遭挫敗。發生這種事情確實會有一些不公平，但你不用委屈或是氣憤，因為人生不會事事如願。

第三章
簡報時的說話邏輯

　　大家知道，簡報獲得成功並不是一件容易的事。簡報不僅要求你具有較強的語言組織能力，而且還要求你思路清晰，提案有邏輯、有條理，所述內容能夠打動接收者；否則你的接收者會越聽越糊塗，越聽越沒興趣。

　　特別提醒您：SCQOR 故事展開法、電梯演講都是你必須掌握的簡報時的語言組織和應變能力。

先理清自己的思路，再去講給對方聽

簡報要想獲得成功，就必須思路清晰，語言簡潔易懂，這樣，聽眾才能聽進去，並沿著你的思路走下去。通常情況下，聽眾在聽取簡報時，最常有四類疑問：「是什麼？為什麼？如何做？好不好？」因此，在簡報之前，應沿著這個思路準備簡報資料。

簡報的過程，直接反映思維的過程，如果你思維混亂，就不能清晰地組織自己的觀點，簡報就會又雜又亂，聽眾會越聽越不明白；相反，如果你思路清晰，邏輯性、組織性強，簡報也會有條不紊，這樣你的簡報就會獲得成功。

實施指南

在簡報之前深入思考實有必要，提前將簡報的內容整理出清晰的思路，是簡報獲得成功的一個基本前提。那麼怎樣才能做好簡報前的必要準備呢？

第一步：確認邏輯結構

你應該確保議題及支持議題的次要議題均鮮明、明確，確保那些用於檢驗、證明議題的故事結構能夠組成金字塔形。分析和驗證完成後，個別的圖示結構還需要再確認一下。

結構應採取製作故事線的模板，就像解說故事線做說明時一樣，選擇其中一種方式，把結論整合為金字塔結構，這就需要首先確認一下，看看採用哪一種結構，能夠將最終情形清楚地整理出來。

　　若採用「空、雨、傘」的方法，「空（確認課題）」為前提，「雨（深掘課題）」為承接前提，「傘（做出結論）」為依據前二者做出的結論。如果前提「空」不成立，或者對「雨」的理解存在著很大的偏差，就會嚴重影響「傘」的整體資訊，因此，應重新審視整體結構，沒用的部分應毫不吝嗇地刪除掉。而採用「並列『為什麼？』」的方法，在眾多並列的理由中，即使有一個理由不成立了，也不會造成破壞性的影響。因此，在運用「空、雨、傘」方法難以整理時，可考慮改用「並列『為什麼？』」（也可採取反過來處理的解決方式，但這種相反的處理方式很少）的方法。但無論採用上述哪一種方法，我們都需要確認關鍵的視覺或者論據，它們應保持既彼此獨立，又互無遺漏。

　　若分析、檢查的結果影響到了整體資訊，就需要確認一下，看故事線的結構是否需要重新檢查。由於我們所有的工作原本就是圍繞找出該答案的議題而進行的，因此，即使是各個次要議題分析得出的結論在意料之外，它也自有它特殊的意義，因為出其不意的結果往往更具有震撼力，我們可能會因此而得到意想不到的收穫。

　　我建議將整體流程或用於比較的架構整理成圖，這也是比較好的一種方法。由於在腦中同時存在多個架構會使邏輯顯得雜亂，接收者在聽取文案或讀論文時，其接受度會大受影響。因此，整體架建構議只留一個比較好。

　　此外，在確認邏輯結構階段，當出現新的關鍵概念時，如果用舊的說法來做說明，時常會引起很大的誤解，因此，我們可賦予其「原創的名稱」。例如，奇異用來自品質管制的名詞「六標準偏差」來為本公司經營整體流程的改革辦法命名；豐田汽車公司用「廣告牌」來為本公司的生產方式的工具取名。結果，這些概念均得到了普及，並且達到寫入教科書的程度。當然，取名字十分重要的一點，是一定要鎖定在具有相當意義的場合。

▌第二步：彩排流程

我們平常所說的優秀文案，不是「從一團混亂中浮現出一幅圖畫」，而是「從一個議題陸續擴充套件出關鍵的次要議題後，在不迷失流程方向的情況下，思考也跟著擴充套件開來」，若我們將目標鎖定在這樣的形式，將最終資訊在明確的邏輯流程中顯示出來，其效果會更盡如人意、更理想。

在這裡，我建議採用一邊彩排、一邊整理的方式來思索整體流程。我們進行彩排，通常使用下列兩個階段：第一階段是「看圖說故事形式的初稿」，第二階段是「以人為對象的細膩定案」。

「看圖說故事形式的初稿」階段，你應將圖表準備齊全，然後一面翻頁一面說明，在彩排的過程中，可逐步修正整體說明的順序和資訊的強弱。這個階段既可以一個人單獨進行，也可以聘請團隊成員在旁邊觀察。由於這個階段很容易知曉張力不足、順序不妥的地方，以及需要加強的地方，加上原本的邏輯結構很堅固，因此，可大膽刪除會導致問題的圖表，而這些少部分的改變，是不會導致故事線或整體資訊瓦解的。

「看圖說故事形式的初稿」完成後，接下來就是要進行預演，這個階段，你可以找來合適的聽眾，請他們來提出寶貴意見，就像正式演出一樣。如果主題內容一般，你可以讓家人或者男女朋友做聽眾；問題越簡樸就會越重要，你選擇的聽眾最好是未直接了解計劃主題及內容的人，因此建議你找幾個團隊以外、能夠提出具有建設性意見的知心好友，諸如同事或者熟人來做聽眾；如果主題內容不宜讓上述人群知曉，那麼你可以讓本團隊的成員來做聽眾，讓他們提出寶貴的意見。若採用這樣的方式還不行，那就準備好攝影機，自己對著它預演並錄影，然後透過回放錄影來看

自己的表現，這樣達到的效果也不錯。也許這種方式可能會讓許多人產生反感，但卻非常有實效，因為它能幫助你找出令人難懂的迂迴說法或者找出自己在說謊時不由自主的壞習慣。

在進行彩排時，如果明明分析以及圖表的表達都很清楚，邏輯結構也很有條理，但卻有難以說明的話，那可能是故事線的流程中摻雜了多餘部分。這時，在說明時要多加小心，以免招來陷阱或誤會。

最後，預演結束後，應懇請聽眾針對「聽完之後，是否有覺得奇怪的地方」及「是否好懂」等發表評論並虛心接受。

運用 SCQOR 故事展開法說服大家

戲劇作家羅伯特・麥基對「故事」做出如下詮釋：

「故事」，其本質上是對人生的變化及其理由進行描寫。所有的故事都是從人生比較穩定的狀態入手，讓人感覺一切都是安穩的，並且會永遠持續下去。可是突然間發生了一件事，那份穩定被破壞了……接下來故事就會描寫主角為恢復穩定，與阻撓他實現理想的「客觀事實」之間所形成的衝突。優秀的講故事者會對主角克服艱難險阻的過程進行生動的描述。主角對發生的事情會深入細緻地思考，並利用極少的有利條件做出判斷，明知山有虎，偏向虎山行，最後取得成功。……每一個偉大的講故事者，都能將殘酷現實與主觀期待之間所產生的內心深沉的糾葛與掙扎處理得恰到好處。

麥肯錫人在對客戶簡報時也會變身成一個優秀的講故事者，因為他們都掌握了一個法寶 —— SCQOR。麥肯錫人告訴我們：要想說服客戶，就必須讓自己的演講具有感染力，就要將故事做結構上的展開，而 SCQOR 正是一個非常行之有效的架構。它具有邏輯清晰、開場緊湊、過程精彩、結尾簡潔有力的特色，很容易把接收者帶入情景之中，在促進對方理解接受方面簡直就是一塊稱心的敲門磚。

實施指南

所謂「SCQOR」，是 Situation（設定狀況）、Complication（發現問題）、Question（設定課題）、Obstacle（克服障礙）、Resolution（解決、收尾）第一個字母的縮寫。我們可將「SCQOR」大致區分如下：SCQ 為故事的匯入部分，O 為故事的中心部分，R 為故事的結果。故事的匯入部分主要是介紹主角，不管好壞，都要先寫出目前穩定的狀態，接著是描寫出失去穩定後的混亂，確定問題類型，然後針對這個問題類型，確認對主角而言重要的課題是什麼；故事的中心部分是描寫替代方案的話或實施等課題解決的過程，並描繪如何克服困難；故事的結尾部分是將克服困難達成的提案，定位為課題的解答。一般情況下，故事的匯入和結果都比較簡短，故事的中心部分篇幅最長。

用「匯入、展開、收尾」來做對照，SCQ 為「匯入」，O 為「展開」，R 為「收尾」；用「起、承、轉、合」架構來做比對，SCQ 為「起」，O 為「承、轉」，R 為「合」。

初步了解了「SCQOR」型故事的展開步驟，下面我再對各項要素進行分析。

▌第一步：設定狀況

1. 先介紹主角

講故事者首先應該介紹故事的主角，並將主角目前的穩定狀態呈獻給聽眾。主角既可以是人，也可以是公司、某職位或者某部門，還可以是行業或者地區。其必要條件是，主角即使不是人，也必須是可以採取某種行

動，或者擁有某種意願的主體。例如，《湯瑪士小火車》的主角是火車，《海綿寶寶》的主角是海綿，向法人顧客提出的提案書裡面的主角大多數情況下是對方的企業等等。

2. 敘述持續至今的穩定狀況

在 S 階段，最核心的主題是按時間順序描述主角的狀況。「狀況」，是指截至目前，不管好壞，主角持續發生的穩定狀態。這種狀態可以是「持續好的狀態」「持續不好的狀態」，也可以是「沒有發生任何事，只是時間流逝」，甚至還可以是「持續不穩定的狀態」。

3. 要設定好故事的涵蓋範圍

透過前面講解，你已經了解，S 的任務在介紹故事主角的同時，還設定了故事展開的涵蓋範圍。在 S 階段，傳遞者需要將故事結構中舞臺的涵蓋領域設定好。涵蓋範圍的設定應根據故事的世界觀，例如，如果一個公司要今後進軍非洲市場的評估，而你所講述的內容通篇都是描述歐美市場的策略，接收者肯定會覺得你講述的內容非常不可靠。

注意事項：一開場的狀況描述要勾起認同感。

在 S 階段，設定狀況時，最重要的相關內容必須與接收者的知識、感情、願望或者是信念相適應，所敘述的內容一定要引起接收者的共鳴，最好是能夠打動他。接收者如果對你的講述產生「原來你什麼都不懂」的印象，就很難再繼續接受你下面的故事。相反，若接收者在讀完（或聽完）設定狀況的內容後，產生認同感，認為你所述的內容「對對，你說得沒錯」，才能接受你繼續展開的故事。在這裡需要特別注意的是，切不可認為你所設定的相關內容接收者已經了解而不需要再講出來，相反，正因為他知道了，你才更應該講給他聽。

第二步：發現問題

1. 顛覆現狀，但讓對方起共鳴

　　S（設定狀況）之後，緊接著就是 C（發現問題）。在 C 階段，事情發生了變化，它顛覆了 S 的穩定狀態，確認主角問題類型屬於哪一種，並把它作為故事的核心來表現。

　　另外從邏輯表現力的角度來講，商務簡報大多是在描述解決問題的方法，諸如「不讓事物損壞」「讓事物更好」「修理損壞的事物」等。因此，在設計自己的演講稿時，除會議討論後所得的總結性話語外，要想有說服力，最好是注重描述一下解決問題的過程，這有助於引起共鳴。

2. 選擇符合接收者認知的問題類型

　　C 出場後，S 的穩定狀態被顛覆，C 的作用就是確認主角的問題類型。問題類型是依據故事的劇情而定的，具體有下列三種：

⊙ 預防隱患型：目前沒問題，期望未來不會被破壞。

⊙ 恢復原狀型：對已經損壞的事物不能放任不管，必須修復。

⊙ 追求理想型：目前很順利，期望會更好。

　　如果接收者的認知是「事物已經呈現不良狀態」，而你卻大肆宣揚「雖然目前沒出現不良狀態，但應該追求進步」，接收者會認為「你不懂，事物已經呈現不良狀態」，那麼，他就很難接受你繼續展開的故事，甚至感覺「你完全在狀況外」「你是外行」。

　　同樣，若你的認知是「不良狀態已經明顯浮現」，而接收者卻依然相信「情況很好，沒有任何不良狀況，目前沒問題」。那麼，你應該採取追求理想型的方法將故事展開，才會產生一定的效果。

商務簡報主要是為了促使接收者採取傳遞者所暗示的行動。因此，傳遞者不一定非要改變接收者的認知，而是要順迎接收者認識問題的角度。

▌第三步：設定課題

C（發現問題）之後，接下來便是 Q（設定課題），即發現問題之後，緊接著是必須設定課題，即問題的背後應解決的課題是什麼。Q 階段中的課題是依據 C 階段的結果來設定的，針對下列三種問題類型來設定適宜的課題：

1. 預防隱患型問題的課題

在 C 階段所認定的問題類型如果屬於預防隱患型，在 Q 階段設定課題時，必然是以下幾種中的一個：假設不良狀態、誘因分析、預防策略、發生時的應對策略。

假如你要敘述的故事內容涵蓋了全部的課題，那麼，你最好是依照以上的排列順序來表現，因為這些策略工作都是累積性的，前面一項沒完成，進行下面一項是沒用的。因此，當你描述預防策略時，會不自覺地先提到前面的「假設不良狀態」和「誘因分析」。

2. 恢復原狀型問題的課題

在 C 階段如果所認定的問題屬於恢復原狀，Q 階段的課題必然是以下幾種中的一個：掌握狀況、應急處理、分析原因、根本措施、防止復發。

如果客戶或上司沒有要求，課題必須按以上所提示的順序來表示。此外，課題領域是累積的，後面的課題會包含前面的課題。如果你想處理分析原因的課題，就要先把掌握狀況和應急處理的課題處理完畢。應急處理的課

題不一定每次出現，但掌握狀況的課題是絕對不能省略的。因為只有先掌握狀況，才會有原因分析。同理，如果你想處理根本措施的課題，你就要先分析原因，並對前面的課題非常理解。處理防止復發的課題也是如此。

3. 追求理想型問題的課題

在 C 階段如果認定問題屬於追求理想型，那麼 Q 階段的課題設定則包括：資產盤點、選定理想、實施策略。

其說明的順序和特性，與前述其他的問題類型相同。

注意事項 1：周全地思考所有問題，否則當場被考倒便是簡報的失敗。

在 Q 階段，是按部就班地鋪陳全部課題，還是隻講其中的一兩個課題，應視情況而定。例如，在恢復原狀型的問題中，你可將「掌握狀況」作為主題；在追求理想型的問題中，你可將焦點集中在資產盤點；或者視情況只選定理想，最後再說明實施策略。這當中的關鍵是看接收者期待你講什麼。

例如，你想把「今天的文案只講到掌握狀況」就 OK 了，可是接收者卻急著給你要答案：「哪怕是假設也行，請把原因告訴我。」你回答他：「我講的方案並不是最終報告，目前僅處理到假設不良狀態和誘因分析。」他或許會窮追不放：「那你認為目前這個階段，對預防策略你有什麼想法？一旦發生你有沒有應對策略呢？」因此，你最好用全套的概念來思考課題領域，否則會當場被考倒。

注意事項 2：故事的匯入部分「SCQ」必須是結構緊湊的，不能鬆散。

在進行分析時，必須將 SCQ（設定狀況→發現問題→設定課題）視為同一組，要用全套完整的概念去思考出現在 Q 階段的課題。如前所述，SCQ 為故事的匯入部分，因此最好要簡短，以便接收者很快就進入狀態。

但如果接收者對於 SCQ 的認識和理解都不足時，你就應該將解說的篇幅加長，以有利於雙方進行溝通。

第四步：克服障礙和解決收尾

Q（設定課題）結束後便進入到 R（克服障礙）階段。O 階段的任務是解答 Q 階段所設定的課題，其工作重點是尋回 C 階段被打破的安定感，是故事的中心，篇幅最長，占整個故事的 60% ～ 70%。

解決問題的過程是故事的精彩之處。如果 O 階段有需要處理根本措施的課題，那麼，你最好提出兩到三個替代方案，並把這些方案的利弊傳達出來。所有克服障礙的程式，基本上都把掌握狀況和分析原因視為連續性的工作，但狀況說明是不可缺少的。

故事的收尾階段是對課題解決策略的確認。在這個階段，提出並評估替代方案，並用於解決課題，找回失去的平衡。

注意事項 1：什麼方法都提出是忌諱，應對策略要聚焦才好。

在講述解決恢復原狀型問題的故事時，O 部分須穿插應急處理、根本措施、防止復發等情節。但在現實中卻不可能一次就將全部的狀況處理完。例如，我們在探索根本措施的方法時，應該先聚焦在根本措施上，之後再做出防止復發的提案，這樣接收者才不至於產生混亂。

注意事項 2：不需要描述出所有的對策，除非是為客戶通讀報告書。

為讓接收者了解事情的整體狀況，除非有特別需要省略的理由，否則報告書裡應包括所有已經決定的行動。

若是你一口氣將所有的對策和替代方案及相關的實施策略提出來，不但容易使接收者產生混亂，你自己也會亂作一團。因此，最好鎖定核心對策，而且最好是三個左右。

　　鎖定焦點的方式根據簡報意圖的不同而改變。如果是事前簡報，那麼按前述的流程進行即可；如果是事後報告，就沒必要聚焦在某個特定的實施策略。

　　注意事項3：故事收尾要簡潔有力，未必要有大結局。

　　聯結未來的展開是 R 部分的一個重要作用。例如，在 R 部分，你可以提示這種資訊：「在本次簡報中，我主要提及恢復原狀型問題的根本處理方法。未來，應再考慮防止復發的部分。」

　　再如，在某個預防隱患型問題故事的展開中，發生時應對策略的重要性你可能沒有說明，但是你可在收尾處點出來。總之，只要有留待下次說明的事情，在 R 階段你都可以提示出來。

　　因此好的收尾不必有大結局，但一定要簡潔有力，提出的觀點或者故事的結局一定要耐人尋味，讓聽眾充滿遐想，讓聽眾產生「還有沒有續集」的想法。

你是否能勝任「電梯演講」

設想這樣一個場景：

《財富》50 強客戶的高管們齊聚在摩天大樓的頂層，圍坐在圓桌旁，在翹首期待你的智慧之言，為此，你的專案組準備到今日凌晨兩點，把你們的藍皮書歸納到一起，一切都確定準確無誤後就整裝待發。現在已經到了你為一個大型專案做總結提案的時候了，可是這時一位 CEO 大步跨入會議室，焦急而遺憾地說道：「非常抱歉，公司出現了緊急情況，我不能參加這個會了，我必須去見律師。」

接著，他轉而問你：「為什麼不和我一起乘電梯，在電梯裡告訴我你們的新發現呢？」在電梯裡的時間僅有 30 秒，這麼短的時間，你能把你的解決方案介紹給這位 CEO 嗎？你能把你的解決方案推銷出去嗎？這要求具有「電梯演講」的技能。

所謂電梯演講，就是「在與人共乘一部電梯的短暫時間內，你能用簡潔的語言去說明白負責專案的摘要」。

電梯演講對於客戶群體為高層管理人的顧問或大規模計劃負責人來說，是不可缺少的技能。這項技巧就是用 20～30 秒的時間，把複雜的計畫摘要整合併傳達。其他職業的人也可以透過這個測驗測試出自己對於計劃、企劃或論文真正的理解程度，可以測試出你的產品或觀點是否足夠讓人感興趣，向他人進行說明甚至推銷是否已經能打動他人採取行動。如果你沒有透過電梯測試，一方面說明你的表達能力不夠火候，另一方面還表明有關問題不給力，沒有勾起他人採取行動的慾望。

案例

麥肯錫公司曾經為一家重要的大客戶做諮詢。一次偶然的機會，該專案的負責人在電梯裡遇見這家公司的董事長，該董事長隨口問該專案負責人：「你能不能說一下現在的結果呢？」由於該專案負責人沒有一點思想準備，再加上在電梯裡從 30 層到 1 層僅有 30 秒鐘的時間，該專案負責人沒有把結果說清楚，最終導致麥肯錫公司失去了這家大客戶。這是麥肯錫公司受到的一次沉痛教訓，從此以後，麥肯錫公司對員工的要求又增加了一項內容，那就是凡事要直奔主題和結果，用最短的時間把結果表達清楚。

由於電梯演講能夠保證高管們有效利用時間，因此，已被許多公司使用，例如，寶潔公司對經理們備忘錄的要求是：每次篇幅不得超過一頁；好萊塢的一位製片人通常會告訴劇作家他的新劇本「快被槍斃了」，然而，在 30 秒鐘後，如果劇作家發表的言論能讓製片人非常滿意，那就有可能獲得與製片人進行更深入交流的機會，這樁買賣甚至就可以成交了。

實施指南

那麼，怎樣才能把 6 個月的工作成果用 30 秒鐘的時間介紹出來呢？

▍電梯演講的準備工作：充分理解數據、清楚自己的方案

交給你的時間很短，因此，你必須完全清楚你設計的解決方案（你的事業或產品），只有這樣，你才能有辦法用 30 秒鐘的時間，把你的理念簡明扼要、準確無誤地闡述給你的客戶（顧客或股東）。

如果你無法精確明白地闡釋自己的觀點和想法，那麼，要麼是你的邏

輯結構不夠清晰、準確，需要再考慮考慮，理清思路；要麼就是因為你對數據還沒有充分理解，還需要進一步熟悉熟悉再熟悉。

▌電梯演講的第一要則：開門見山地亮明結論

如果你在乘電梯的時間內能夠把自己的結論闡述清楚，那麼你的電梯演講就透過了。

由於結論在組成金字塔結構的故事線中應該排列在最高層，如果你採用「並列『為什麼？』」的形式，那就傳達所依據的「WHY」；如果你採用「空、雨、傘」的形式，那就分別傳達「空」（課題是什麼）「雨」（對課題的認識）「傘」（問題的答案是什麼）的結論就行了；如果你的課題還處在分析或驗證過程中，那就傳達你對當下的看法。

例如，如果你向老闆提出的結論是：現在不景氣的 ×× 領域不該考慮退出，而該領先競爭者，應儘早開始 M 領域的業務。那麼運用金字塔原理，你該這樣分條逐步闡述你所依據的「WHY」：

1.×× 領域雖然不景氣，但由於是我們公司的原點，不可輕易退出。原因是：

⊙ ×× 領域與其他新核心業務有聯動效果；

⊙ ×× 領域即使從中長期願景的觀點來看，自家公司也不可避免地需要應對。

2. 在 ×× 領域中，M 業務對我們公司而言是應鎖定的目標。原因是：

⊙ 基於現在的趨勢，以新切入點來看，M 業務具有大量的潛在需求；

⊙ 要處理 M 業務需要 A 功能和 B 強項，但其他競爭者都不符合條件；

⊙ 遊戲規則可能因為我們公司參戰而完全改變。

3. 我們公司應該儘早展開 M 業務，建立競爭優勢。原因是：

⊙ 我們公司是唯一沒有結構障礙的參加者；

⊙ 不只有經濟上的衝擊，對其他業務的綜合效果也很可觀；

⊙ 國外潛在的競爭動向已經逐步明顯，應該建構先搶為贏的優勢。

　　從上面的案例可看出，由於結論的重點並列在上方，相同結構的各項重點也會排列在下方，因此，你可以依據對象或測驗時間，準確地判斷「什麼內容、該說明到什麼程度」，以免讓接收者因「看不出結論」而產生焦慮的情緒，你還可就對方想進一步確認的部分，繼續進行擴充套件或深入。

▌電梯演講的關鍵：重點談帶來最大收益的 3 個問題

　　麥肯錫認為，一般情況下，人們最多能記得住一二三，而記不住四五六，因此，凡事要歸納在三條以內。每個問題的建議及其帶來的收益是客戶都想了解的。如果你的建議有很多條，那就從你的團隊最先討論的問題談起，側重談最為重要的、能帶來最大收益的三個課題。如果時間充裕，你還可以談支撐你論點的數據。

想獲得認可，就先學會讀心術

在麥肯錫時，傑夫・薩卡古茨便領悟到：諮詢顧問的職責，其實不是繪製精美的圖畫，客戶花重金想購買的也不在於此。他到了埃森哲公司後仍繼續倡導這一點：諮詢不是搞分析，而是提出見解。

但是想讓你的見解獲得客戶的認可，卻要比提出見解難得多，你不懂點「讀心術」是不行的。在讀心這項超能力上，麥肯錫人似乎有著天生的遺傳基因，他們的聰明不僅展現在對專案本身的處理能力上，還展現在向客戶簡報時的善解人意。

實施指南

具體來說，你需要在哪些地方進行讀心工作呢？

必須獲得客戶團隊關鍵成員的認可

諮詢顧問所從事的工作，是把互不相干的資訊經過分析、提煉，提出能夠解決客戶問題的見解或者方案。當諮詢顧問的每一個分析都透過「那又怎樣」的檢驗時，那就是他能夠提出最恰當的見解。雖然你搞的客戶數據調研和數據分析都很重要，但最重要的還是客戶，即客戶團隊中負責該專案的主管。他對狀況比我們更了解：「對於給出的任何建議，我們將面臨怎樣的障礙？」「誰是主要的決策者？」因此，如果沒有獲得客戶參與和認可，提煉這一步驟是不可能完成的。

如果客戶能對我們的計畫表現出極大熱情，那麼就基本可以實現全過程的密切合作，等到簡報演說之時，你的方案擁護者絕對比反對你的人多，取得了關鍵成員的認可之後，我們演講的可信度也會大大提高。因為你已經透過抓住關鍵成員的心而抓住了客戶團隊其他成員對關鍵成員的信任而附帶給你的信任感。

▌你的提案內容必須符合對方認知的問題類型

當你的提案被設定為「解決問題的策略」時，最好換位思考一下，站在對方的立場考慮，這樣你設計的簡報內容才能與對方頻率相同。例如，在購買商品或服務時，買方決定是否採取購買行動的關鍵是：購買之後所產生的效益與成本是否能平衡。尤其是高價，即高成本的商品或服務，如果不能產生相應的效益，買方就會舉棋不定。因此，推銷這些高價的商品或是服務，只有能夠解決買方的關鍵問題，才能獲得成功的希望。通常來看，具體負責專案實施的職員，其精力和著力點多半會集中在眼前的問題。這些問題在多數場合裡，要麼屬於恢復原狀型，要麼就是屬於預防隱患型。處理眼前迫切的問題固然理所當然，但響應對方的期待也很重要。客戶往往對某個專案所期望的並不是短期收益，而是穩紮穩打的現在和充滿光明的未來。

1. 客戶不想賠一百萬勝過想賺一百萬

通常情況下，我們往往將高價商品或服務定位成預防隱患型問題，就是因為在心理上，比起獲得利益，一般人更希望能規避損失。一般情況下，與得到一百萬的喜悅相比較，失去一百萬的悲催對人的心理所造成的衝擊會更大。因此，一般人寧可不要得到一百萬的喜悅，也不希望自己有

失去一百萬的風險，因此他們更希望自己能規避「失去」。其實這樣的心理現象在日常生活中是普遍存在的。行為財務學學者、2002 年諾貝爾經濟學獎得主丹尼爾．康納曼等人所提倡的「前景理論」，就是探討這種心理的。

因此，與希望獲得利益的追求理想型問題解決策略相比較，接收者在心理上更容易接受把高價的商品或服務定位成能規避同額損失的預防隱患型問題策略，下面看一則從成本效益與迫切性雙管齊下，最終獲得成效的例子。

Z 先生是某大型銀行的投資部門的業務員，負責法人顧客。剛開始的時候，Z 先生面對某位客戶，花了一些時間向客戶推薦幾家併購目標，並說明透過企業併購，可大幅度提升營業額、更進一步促進公司成長。可是，客戶聽了 Z 先生的說明，態度卻顯得遲疑不決。於是 Z 先生就改變了提案的定位，又開始介紹可以避免成本擴大的併購案，結果引起客戶非常大的興趣。也就是說，Z 先生發現提升營業額的追求理想型問題解決方案無法打動對方，他就把高價的商品（服務），定位成迴避損失的預防隱患型問題，終於奏效，引起對方的興趣。

當我們想處理恢復原狀型問題，即在修復不良狀態時，有些時候問題確實龐大，但是不良狀態在大多數場合裡，都僅僅限定在區域性而已。比如，大樓的空調系統壞掉了，只要將特定部位的零件更換掉即可，沒必要對整體系統做全面翻修。

2. 具有前瞻性的東西才是公司高層的關注點

並不是把所有的提案定位成預防隱患型問題的策略就萬無一失。某些情況下，把提案定位為建議追求理想，會有更多的好處。如果你的策略是

解決預防隱患型問題的，公司高層會覺得「理所當然」；如果你的提案是恢復原狀的根本措施，即使能得到公司高層認同，他們頂多會覺得「改善不良狀態是理所當然的事」，並不會引起他們的興奮點。

為什麼呢？就是因為成長策略是多數的經營團隊想要的東西，經營團隊大多期待的是：「還有沒有其他更具前瞻性的東西？」因此，如果你的提案針對的是公司高層，追求理想的要素一定請你記得加入。

別把自己的想法強加於人

根據麥肯錫多年的簡報經驗我們知道：為了增加說服力，你千萬不要對自己認知的問題類型固執己見。另外，你不必想方設法地去改變對方的認知，相反，迎合對方的認知才是你真正正確的上上策。

說話時，一定要表現出尊重對方的意見，若你表現強勢，語氣過於強硬，對方對你提出的方案就會更加抗拒和反感。

實施指南

沒有人喜歡被人強迫做一件事情，或接受推銷。人人都喜歡按照自己的想法行事，都喜歡別人徵求自己的意見、建議、願望和需求，喜歡別人按照自己的意願辦事。尤其是你如果長期站在高處處於主導位置，就特別容易會產生強迫人的作風和態度，無論工作還是私下，你都會「施於人」，覺得別人聽從自己、接納自己、服從自己都是理所當然的。

但你在面對客戶進行簡報時也能展現你一貫的「硬派」作風嗎？當然不行，客戶來你這裡要的是最佳方案以及貼心服務，並不是來聽你的批評指導、享受你的頤指氣使的。

很多職場人士在面對客戶的時候，會對以下矛盾憤憤不平：我這都是為了你好，為什麼不按照我的想法來做事、按照我的計劃來實施？你的心裡很委屈，特別是你精心準備的發言被客戶無情打斷時 ——「我覺得這個方案不太適合現在的情況」「我覺得你說的東西和我們公司沒有太多關聯」「對不起，你剛才說的方案我認為可行性為零」。

　　面對客戶的「刁難」，你會做何反應呢？盡情地表露出「我的方案才是最好的，你們什麼都不懂，就是因為什麼都不懂，所以才找到我們幫你們出謀劃策的，如果不執行我的方案，你們公司一定會難以提升，甚至處境越來越差。」當你想這麼說的時候，請三思而行，因為這種把自己的想法強加於人的行為是非常幼稚、缺乏職業操守的。

　　面對這種針鋒相對的情況，你做出的第一反應應該是令思維瞬間回到專案問題本身，從你掌握的一手資訊開始「翻閱」，去發現那些剛才客戶提出的質疑點是否真的存在而被你忽視了。因為很多時候，我們的思想是有局限性的，即便是深思熟慮之後誕生的問題解決方案也可能並不全面或適宜。

　　如果你意識到了客戶不接納你的方案的原因是出在你的身上，你就應該給自己、給團隊留有商量的餘地，態度坦誠地認同客戶的質疑，虛心接受指教，並與客戶溝通好下一次交出合理方案的截止時間。

第四章
與同事交流時的說話邏輯

　　能在一處共事就是一種緣分。一天 24 小時，我們至少有三分之一的時間與同事相處，因此，在現實生活中，處理好同事關係也是提高我們工作和生活品質的一個重要組成部分。由於同事往往來自不同的環境，不僅在脾氣、性格上存在著不同，其觀點、信仰、態度等也不會相同，再加上同事之間存在著上下級關係、競爭關係等，使得日常相處變得極其複雜。

　　特別提醒您：人與人之間是透過語言和行動交流的，懂得語言藝術的人都能夠與同事、上司相處融洽。

有溝通才有效率

　　如果缺少溝通，任何團隊都無法正常運轉。但是在實際操作中，溝通的重要性卻往往被低估。比如說，很多團隊領導者在未得到充分的事實證據之前，不是先耐心傾聽，而是花更多的時間說教，如此往往導致僅依據個人主觀意見來做決策，出錯的機率自然大大增加。

　　因此，在做出決策前，領導者切記應張開兩隻耳朵傾聽。在溝通過程中傾聽、表達的分寸都應拿捏到位，說得太多或者交流不夠都不能保證溝通的切實效果。這個過程就像烤牛排，需要掌握好火候。火太大，牛排會被烤煳；火候不到，牛排又會半生不熟。

　　雖然沒有放之四海而皆準的最佳溝通方式，但麥肯錫的校友們始終在溝通這件事上持有一致看法，那就是「做比不做好，做多比做少好」。多說幾句頂多讓對方覺得你太過細緻，除非過度溝通走向了極端，否則，當你因提供了過多的資訊而使忙碌的高管心煩意亂發牢騷時，你不必為此太過內疚，因為你知道起碼整個組織為此付出的代價並不高。但少說或該說時不說卻往往容易導致資訊不充分，帶來不必要的誤解，團隊成員之間會因此產生距離感，團隊士氣會被破壞，管理成本也會隨之大大增加。而我們之前為了節約時間沒能充分傳達的資訊，往往在事後需要花上數倍的時間去補上。

　　為了有效主導內部溝通的頻度和方式，每一個組織都會著力建構起自己的「溝通文化」。比如麥肯錫內部經常會聽到如下特定用語：期限到來之際、那又怎麼樣、客戶影響等等。同時，一些慣有的風格也在員工之間潛移默化開來，比如 24 小時內答覆、將問題分為 3 類、電子郵件都很簡短等等。

順暢的日常溝通使資訊流的邊際成本變得很小，電子郵件、內部網路、語音資訊這些現代化通訊工具的普及，也使得日常溝通成為一件日益輕鬆、容易的事情。

實施指南

下面我們將探討一些具有普遍性的溝通原則，提出一些具體可行的措施，盡可能地幫助你培養自己與同事的溝通能力，並改善所在團隊的溝通狀況。

第一步：開展正式的傾聽培訓

人們都習慣於說得多聽得少，在管理領域，這個習慣會導致溝通問題的出現。在做某個重要決策之前，若我們沒能充分傾聽相關人員的意見，或許會因缺乏重要的事實依據而冒決策錯誤之險。同時，相關人員也會因為自己的意見沒有得到重視而產生對變革的牴觸。儘管大多數的執行長都意識到了傾聽的重要性，但是在大多數的學校課程或公司培訓中卻並未拿出專門的時間用於開展正式的傾聽培訓。

在對一定數量的麥肯錫校友進行了調查之後，我發現：

大部分人離開麥肯錫之後，在新加入的公司或組織中所獲得的人際交往培訓機會遠比麥肯錫的少。當然，並非所有的企業都屬於知識型行業，但是，企業培訓正在日益成為獲得競爭優勢的來源也是大家公認的事實。

大部分企業都會為培訓付出龐大開支，但這其中用於傾聽培訓的部分占比很小。在這方面麥肯錫不會節省開支，它經常性地借用外部專業諮詢顧問的力量，來幫助自己對企業內部的溝通狀況做出診斷。

▌第二步：啟動一項職業性格測評的計畫

這項計劃將同時被納入企業人力資源管理的內容當中。首先，你需要為企業找到恰當的測評工具。麥肯錫採用的是職業性格測試，這項測試著重於評價個人的基本性格和溝通風格，更具體一點，它評價的是個人的交往類型、解決問題的方式及敏感性。大多數新進公司的諮詢顧問（甚至他們的配偶或其他重要相關人物）在各自職業生涯的早期都接受了這項培訓。僅僅熟悉自己的溝通風格還不夠，我們還需要理解他人的獨特風格，只有知己知彼，溝通的時候我們才能聽出對方的弦外之音，知道對方真正在說什麼。這項工具也可用來評估部門成員或某個專案團隊之間的個性差異，從而明確處理衝突的策略，更容易解決溝通障礙。

你本人可以先做一次職業性格測試，如果願意，也可以測評一下你的配偶的相關資訊。看看你自己的性格類型、溝通風格是什麼。藉由這個測評結果，你可以考慮一下未來如何更容易處理與同事、配偶之間的互動溝通，還可以規劃一下如何更容易拓寬自己的溝通能力，以及在與他人的交往中如何表現得更從容。

▌第三步：建立一套人際技能培訓計劃

當今職場，誤解無處不在、無時不在。溝通是一門藝術，處處有推理、時時有玄妙，微妙的差別無處不在，要如願傳遞我們的資訊實非易事。重要的不在於說了什麼，而在於如何說。而每個人個性、文化背景和思維習慣的不同，又使得「如何說」這一關鍵問題變得更為複雜。

為此，麥肯錫專門建立了一套人際技能培訓計劃，用於降低團隊間的誤解機率。培訓主要針對三方面：第一年側重角色扮演互動培訓，第二或第三年側重高階人際交往技能培訓。另外，被大多數專案團隊廣泛應用的

職業性格測試也包含其中。這些培訓內容的設定，表明了靈活進行口頭溝通的重要性。

　　每個人都有自己獨特的溝通方式，這來源於各自的成長經歷、教育等不同習慣。在與同事和客戶的日常溝通中我們會發現，一些細微之處比如用詞和語調，會對溝通的效果產生重要影響。因此，我們有必要找出自己溝通時的不足，並盡力改變。正式的培訓計劃對於改變自己會有所幫助。學會在溝通時字斟句酌、深思熟慮，有助於培養我們的溝通技能，對於我們更容易與父母、配偶、朋友和身邊的人自在相處也會有重要影響。

▍第四步：反覆宣講公司的價值觀

　　企業成員共同的價值觀具有導向、約束、凝聚、激勵及輻射作用，是一個企業生存發展的必要因素。良好的企業價值觀能激發全體員工的熱情，統一企業成員的意志和慾望，使團隊成員都能齊心協力地為實現企業的策略目標而努力。因此，企業在準備策略實施時，應先透過各種手段不遺餘力地宣傳企業價值觀，使成員都能理解它、掌握它，繼而自發自覺地用它來指導自己的行為。

　　以正直為基礎的商業價值觀，以及遵循此基礎建立起來的商業戒律，比以往任何時候都更為重要。一家發展中的企業需要不斷跨越和連線不同文化、不同國度，溝通的範圍和速度隨之不斷變化。在這種情形下，一套嚴格的、經久不衰的商業價值觀是必需的。它能指引企業在日益複雜、充滿挑戰的形勢中保持正確方向。

團隊士氣：熱情比能力更重要

對於執行長而言，保持團隊士氣是一項自始至終的責任。如果這一點被忽略，團隊表現必將很差。

麥肯錫管理諮詢顧問公司前資深專案經理阿貝布雷‧貝格認為：「我不確定每一次的團隊關聯是否都那麼重要，但是，團隊在一起工作一定要愉快。在一個專案進行的過程中，要確保每一位專案成員都感覺到被尊重，或是他們的主張得到了尊重。這都是必要的。」

因此，你需要確保自己在與之談話時隨時關注、了解團隊每位成員的感受。

案例

艾森‧拉塞爾是《麥肯錫方法》一書的作者。對於團隊士氣的重要性他深有體會：有一段時間，我參與了麥肯錫的兩個專案，但是這兩個專案的結果都不是很好。這兩個專案都涉及客戶的政治鬥爭，因此，麥肯錫的團隊像一個足球，被客戶公司的幾個派系之間相互踢來踢去。最終完成了其中一個專案之後，我意識到我們做得不好，但卻不得不開始下一個專案。堅持到另一個專案做完後，我就決定辭職了。為什麼會出現這樣糟糕的結果呢？我認為原因就是士氣不佳。

那個差勁的專案經理錯誤地採用了蘑菇種植法進行管理：在黑暗的環境下不斷施肥。

我們這些團隊成員從頭到尾沒能了解專案的程式，也從來沒有感覺到自己所做的一切對客戶或團隊有什麼價值。與此相反，另一位優秀的專案經理維克則在整個過程中始終讓我們了解專案的程式，如果他不知道，他也會如實地告知我們。當我們了解了客戶的政治派系（實際上我們能理解這一切），工作就被大大簡化了。同時，我們知道維克的大門始終是敞開的，他既引導著客戶也引導著我們。

在激勵並要求所有人拿出自己的最佳狀態這件事上，馬文具有高人一等的天賦，他總有方法讓公司的所有成員都感覺到公司和工作的重要性。他永不停息地使用各種方法來營造這種氛圍，比如隨口的評論、親自撰寫的備忘錄、培訓會議上的宣講等等。必要時，馬文也會使用黑臉。比如，他認為點滴時間都是不可以浪費的，身為諮詢顧問就應該將午餐時間利用起來，聯絡潛在客戶或者老客戶。假如麥肯錫的諮詢顧問和朋友一起去了馬文恰巧光顧的餐廳，他可能會把這個員工當成一個不善於管理時間的反面典型而樹立起來，以此提醒整個辦公室的人午餐不是社交時間，而是公司人員有效利用起來的最好機會。

實施指南

針對如何透過談話保持團隊士氣，麥肯錫的員工們提供了一些簡單易行的建議：

▌把握團隊的溫度

要把握好團隊氛圍的溫度，太熱或者太冷都不會讓人感覺舒適，它要求的是負責人與團隊成員保持聯絡，並確保他們在每一個充滿挑戰的專案程式中都保持士氣和熱情。在恰當的時間與你的團隊同事進行交談，注意

發現他們對於手中的工作有無疑問，若他們不知道為什麼要這麼做，給出合理的解釋。如果發現他們不高興，趕緊採取安撫措施。

掌握穩定的過程

對於團隊應該優先處理哪些事情等這類重大問題上，如果作為負責人的你總是改變主意，你的團隊將很快迷失方向，士氣也會迅速低落。因此，你首先要自己明確目的、盡量保持方向不變。若是你需要多一天的時間把目的想清楚，那就多一天；如果確實需要進行大的改變，那就向你的團隊解釋不得不變化的原因，盡量讓他們參與討論，或者至少也應該讓他們明白你思考的過程。

讓你的團隊明白要幹正在幹的事情

一定要讓你的團隊明白，為什麼他們要幹眼下這個正在幹的事情。每個人都希望自己眼下正在幹的這件事情對於客戶是有價值和神益的。假如團隊的負責人覺得正在幹的事情毫無價值且將這種想法傳遞給了團隊，團隊的士氣將瞬間消失。因此，萬萬不能讓你的團隊中的任何一個人產生這樣的感覺：「我耗費了一個月的生命，卻什麼價值也沒創造。」

把你的隊友作為親人來了解

他們有什麼個人愛好？單身還是已婚？有孩子嗎？透過談話了解了這些具體的情況之後，你能更容易理解他們。當然，你自己在這方面也要與大家共享，這種生活化的共享更容易讓你的隊友把你認同為「我們」中的一員，而不是「他們」。毫無疑問，把隊友作為親人來了解，是比帶他們出去打籃球更方便、也更有效的一種團結團隊的方法。

比爾·柯林頓策略

　　當日子實在難過的時候，不妨試試比爾·柯林頓的辦法，默默地堅持著。問題很困難、客戶也很難搞的時候，除了安慰你的隊友「我能感受到大家的痛苦」之外，你其實也沒有其他可以做的。你只能默默地熬下去，某種意義上說，這就是生活。耗費幾個月甚至半年的時間來解決一個複雜的商業問題並非簡單之事，然而，如果你堅持，並且在此過程中一直遵守著保持團隊士氣的法則，至少在熬過了這個專案時，你的團隊不會提出集體辭職。

同事，是對手也是朋友

對於麥肯錫來說，團隊活動是必不可少的，它是聯絡團隊感情的最佳方式。或許商業的本質就是冷漠、一路向前、更注重結果，更是充滿團隊成員之間「我上位、你淘汰」的競爭的。所以，有時候我們會突然發現自己正置身於一個生硬的團隊當中，周圍都是虎視眈眈的對手，這會導致我們總是更注重誰勝誰負的結果，而忽略了相處過程中的美好，以至於在與同事交談方面顯得很不友好，更別提建立什麼私人感情了。

麥肯錫前任總裁顧磊傑很注重團隊私人感情的建構。他說：「團隊成員之間相處融洽，團隊的效力就會更好，每一位置身其中的成員也都會感覺更舒適。這是一條真理。作為團隊領導，我們應該多創造使團隊成員聯絡感情的機會，只要別讓它變成一件讓人乏味的事情就行。」

實施指南

想要與同事在工作之外和諧相處、相談甚歡，你需要精心營造出一種好相處、很輕鬆的聊天氛圍。某一個專案自開始到結束，少說也得有數次這樣的活動：比如去看一場歡樂的演出或比賽、去當地最好的餐廳撮一頓等等。這些活動正是為了更容易聯絡感情、增進同事之間的交流而設定的。麥肯錫對於此類活動總是樂於出資贊助。有位專案經理就曾經把他的整個團隊帶到佛羅里達州度過了一個難忘的週末。

在參加這樣的活動、與同事交流時，你應該學會一些基本的交流技巧：

保持你的個性，保留你的思想

有思想其實就是有自己的主見。與同事聊天時，應該將自己置身於當前的話題中，這意味著你不能僅僅是隨聲附和，你必須說出自己的想法，與他人互動。言語之間，注意要保持你的個性，否則久而久之你就失去了你的價值，沒有人會在乎你的想法。

切勿炫耀，以免禍從口出

職場中多多少少都會有那麼幾個人，他們工作能力強，深受老闆和客戶的喜愛，從而變得非常驕傲自大，也十分喜歡在和同事聊天時炫耀自己。請你千萬別做那樣的人。因為人都是有嫉妒心理的，萬一對方的內心因此開始萌發出嫉妒和懷恨的種子呢？以後在工作中也許會為難你，所以還是應該懷有謙虛謹慎的態度，這樣你說出的話才中聽，同事才喜歡與你聊天。

不要背後說壞話，盡量不要談論別人的是非

同事之間除了工作之外的話題，還有很多話題可以討論，有些話題可以增進感情，有些話題則起著反作用，比如在背後說別人的壞話、當面評論別人的是非。你要記住同事之間沒有真正的知己，你們可以做朋友，但對方未必是一個胸懷大度的、替你著想的人，你現在說的每一句話都有可能傳到那個人的耳朵裡，口無遮攔只會給你帶來不好的人緣。

有所保留，你應該真誠，但不能犯傻

我們待人應該真誠，這是肯定的，但它並不等於完全無所保留、和盤托出。在面對你不會太了解的同事時，你們之間的話題應該有所限定，一些關於你的隱私的事情最好還是有所保留，因為你無法確定對方的人品，更無法預知這麼「信任」對方的後果是好是壞。

與上司的相處之道

　　無論你在哪個層級制組織就職，想想看吧，你的上司是不是你世界裡最重要的人？當你在團隊工作，也許只有上司才能注意到你；當你所在的團隊遠離公司駐地，在偏遠的城市，在異國他鄉的時候，你上司的重要性還會再上升一個等級。

　　那麼怎樣與你生命中最重要的這個人相處呢？那就與他（她）和睦相處，讓他（她）高興，這時你需要採取最好的方式，就是讓他（她）臉上有光。如果你讓上司臉上有光，他（她）肯定會讓你也很有面子。

案例

　　當年，艾森・拉塞爾作為一名入職一年的麥肯錫顧問時，他會花好幾週的時間，準備一份分析競爭對手的綜合數據來供客戶參閱。一次，他的一份研究成果需要和一家等級制度森嚴的製造業公司高層分享，但他的資歷和職位太「嫩」了，於是他的研究成果需要由他的專案經理來做簡報。儘管他感到非常失望，但卻理解這個決定背後理性的一面。

　　接下來，他的工作就是花幾個小時的時間，幫助他的專案經理對這部分內容進行了解，直到專案經理和他一樣熟悉。第二天，專案經理成功地做了一個非常有說服力的演講。期間，專案經理在回答客戶的問題時，艾森・拉塞爾為他寫紙條，還把情況在他耳邊小聲告訴他，還把簡報稿中重要的頁碼指給他。

客戶對他們的介紹以及專案經理都留下了深刻的印象。而專案經理和他的老闆對艾森也留下了深刻的印象。由於任務完成的特別出色，以至於全公司的人都知道了艾森的名字。

實施指南

俗話說得好：伴君如伴虎。因此，在與上司相處時，我們應該就更注意自己的言行，畢竟上司不同於一般的同事。

盡最大的能力做好你的工作，這會讓上司的工作容易一些

一個好漢三個幫，是從實踐中總結出來的真知。你的上司再有能力，他也不可能幹完公司的所有事務，他需要他的團隊成員通力協助，才能獲得成功，才能帶領團隊逐步走向輝煌。團隊中每個成員的位置和工作都很重要，一個成員的疏漏和懈怠就有可能會使公司陷入困境。因此，盡最大的能力做好你的工作，這會讓你上司的工作順暢一些。

在他需要的時候，你要保證你知道的一切他也知道

不要對上司有所隱瞞，一旦他從別人那裡獲得了本該由你簡報給他的資訊，你覺得他會如何看待你？因此，如果上司需要從你那裡了解情況，那就把你所知道的東西毫無保留地告訴他，如果不能直接簡報，就用一封邏輯清晰的電子郵件或者語音留言及時告訴他。

確保上司知道你在哪兒、在幹什麼、會有什麼問題

令上司知道你的工作情況，有助於他更容易評估你的工作態度、工作成果，若是你的上司對你的情況一無所知，你的存在感就會大大降低，

那麼很多重要任務的委派便會與你無緣了，因為你的沉默令你變成了透明人。

需要注意的是，一定要讓資訊暢通，又不能讓上司的負擔過重。想要告訴他你的情況時，並不可以拉住上司、連珠炮似的簡報，因為他對專案問題本身的興趣性要比對你的關注大得多，假如你滿口都是「我在幹什麼、我怎麼樣」，會給人一種自說自話、急於表現的壞印象。麥肯錫的員工雖然善於毛遂自薦、爭取工作機遇，但絕不會如此糾纏上司、使其反感。

你可以在每次簡報好工作之後，稍微提一下自己目前的工作任務、進度、計劃，點到即止，尤其是在上司很忙碌或不在狀態的時候。

別說那些不該說的話

對上司說話也要講究方式方法，「無所謂，都行吧」「我不清楚」「不行就算，沒有關係」等類似的話盡量不在他面前說，因為這類話顯得你對上司不尊重，也說明你對他提出的問題沒在意，也有推卸責任的嫌疑。

過度客氣的相處方式容易招致對方誤解

和上司說話時應顧全大局，小心謹慎。但顧慮過多就會適得其反，容易引起誤解。有時越是謹慎小心，越容易出錯，這時，上司會誤以為你沒有能力。如果你過度客氣地與上司相處，不僅顯得關係疏遠，還會顯得虛和假，越相處越不自然。因此，我們應該放平心態，以平常心與上司相處，不卑不亢，善於察言觀色，習慣成自然，這樣也就可以應付自如了。

第三篇
狂工作不等於工作狂

　　如果你每一天都過得非常忙碌，可是做月度工作總結的時候卻發現似乎這一個月都是在瞎忙，並沒有做出什麼有效率的事情來，你可能會想：「像我這樣的工作狂怎麼會做出付出與回報不成正比的事情來？」心中思忖了無數個答案之後，仍然是一頭霧水。

　　其實答案很簡單，正如篇名所說，「狂工作不等於工作狂」。若是你想從一個沒有目標感、沒有方向感、沒有規劃的「狂工作」狀態中脫身出來，成為一個麥肯錫式的「工作狂」，那就必須先從本篇所講的幾個方面轉換觀念和習慣。

第一章
「事實」是最好的朋友

　　麥肯錫人看重事實，因為事實的確益處多多，它是一切分析、假設、結論、方案的根基所在。假如你不能本著尊重事實的原則去參與工作，那麼很可能在完美解決問題、提高工作效率、實現職業規劃等方面沒有任何收穫。

　　特別提醒您：請看重事實、尊重事實、合理利用事實，和它成為互助互利的朋友。

數據收集，條條大路通羅馬

查詢和收集有關公司、行業或商業主題資訊的數據是一項很乏味、但卻至關重要的任務，因為想要獲得解決方案，就必須有可供分析的數據資訊。麥肯錫諮詢顧問的代表之一就是堅持不懈地追求事實，麥肯錫諮詢顧問最為重要的諮詢技能之一便是數據收集。

每個成功的麥肯錫諮詢顧問所依靠的資訊都離不開各種內部報告、行業報告、分析家報告、統計數據。麥肯錫從來不缺乏豐富的數據資源，強大的資料庫中彙集了公司內所有研究結果和專家意見，再加上麥肯錫聘請的資訊專家在建設資訊庫、協助諮詢顧問收集數據方面所做的貢獻，這使得在每一個新研究專案啟動的第一天，諮詢顧問的辦公桌上就會擺滿了各式各樣的研究目錄、專家姓名、「淨化」報告、行業分析，以及華爾街分析家的報告。

實施指南

策略性地尋找事實是麥肯錫在數據收集方面的觀點之一。雖然目前能提供相關公司、行業或商業新聞的網站有成千上萬個，然而並沒有哪家網站能將每一種資訊需求都最恰當地加以滿足。當你的數據收集、數據研究變得耗時耗力卻得不償失時，很可能是你用錯了方法、找錯了地方，你必須在著手收集數據之前就明確好「最重要的數據來源是什麼」，並在預算

範圍內投入必要的資金來獲得這些資訊。這裡我會概述一下麥肯錫收集數據的方法，這些都是經過我們嘗試、檢驗過的技能，如果你稍加試用，就更有可能以最便捷的方式挖出那些優質的資訊金礦。

▌第一條道路：報紙雜誌裡的文章、專業書籍

最好的數據資源往往存在於印刷出來的白紙黑字當中。透過報紙雜誌上的文章和專業書籍，你可以收集到某家公司或某個行業的歷史、現狀、趨勢，商業概念或總體經濟形勢，以及信貸寬鬆度、勞動力短缺情況、各種法規及其他相關商業問題等豐富資訊。

使用搜尋引擎是找到報紙雜誌上發表的文章的主要方式。下表中羅列的一些搜尋引擎尤其適用於找到關於某家公司、某個行業或其他主題的文章全文。一般而言，幾年前的舊聞或今天剛出版的文章都能被找到。

部分公開數據來源

種類	名稱	收費狀況	網址
搜索引擎	Findspot	免費	www.findspot.com
搜索引擎	Hotbot	免費	www.hotbot.com
搜索引擎	Google	免費	www.google.com
搜索引擎	Yahoo	免費	www.yahoo.com
通用資訊	Bpubs	免費	www.bpubs.com
通用資訊	Business Wire	免費	www.businesswire.com
通用資訊	學術大全數據庫	或有收費	www.lexis-nexis.com
通用資訊	博士、碩士論文庫	或有收費	www.proquest.com

需要注意的是，假如你尋找的是某個小型公司或地方性公司的資訊，可能不會在這些搜尋引擎裡收集到確切的數據，因為報紙雜誌並不能廣泛報導每一家公司、每一個行業，即便是全國性的大型報紙也不可能面面俱到。這時候，你不妨從公司所在地區或城市的地方性報紙著手，指向性更明確一些，結果也會更令人滿意。

那麼，我們應該在報紙、雜誌、書籍上尋找什麼樣的數據才有助於後期的分析研究呢？

1. 公司資訊

公司名錄、公司說明、公司概況、歷史資訊和公司近期財務資訊，其中包括公司年度報告和公司網址。你所使用的資料庫和出版品類型，以及公司的規模（上市公司、非上市公司、子公司）決定了你所能掌握的情況的多寡和深度。《高科技公司目錄》、《百萬富翁名錄》、《公司歷史國際目錄》、《穆迪手冊》、《價值線投資調查》等等都是不錯的了解公司資訊的出版品。

2. 行業研究

分析報告：很多經紀公司、投資銀行和諮詢公司都會將世界各國公司的投資報告和預測全文放在投資研究報告資料庫中。一般這些資料庫是需要訂閱或是付費的。

財務比率和績效比率（行業平均水平）：我們可以在許多大專院校和大型圖書館裡找到《商業和行業財務比率年鑑》、《年報研究、行業標準和主要商業比率》，從中能了解到行業部分公司的財務報表資訊、財務比率和績效比率，以及行業平均水平。

行業描述、概述和統計：你可以從行業即時報告網（來自美國普查局的年度報告和季度報告）、《美國行業大全》、《行業參考手冊》、《標準普爾行業調查》、《美國行業和貿易展望》裡找到所需要的資訊。www.business.com 網站也是不錯的選擇。

3. 主要競爭對手

雖然處在不同的行業，但從競爭對手或其他領域的佼佼者那裡獲得資訊，並有所借鑑，也是數據收集中的重要內容。你可以透過檢視《年度商業排名》《標準普爾公司名錄》、胡佛線上網站（www.hoovers.com）、胡佛線上出版品（比如《胡佛新興公司手冊》和《胡佛非上市公司手冊》）來了解相關資訊。美國製造商湯馬斯名錄網站（www.thomasregister.com）提供的公司目錄和產品目錄雖然並不全，但數據免費，也是可以利用的。

4. 排名和等級

我們可以在《年度商業排名》、《世界市場份額報告》、普萊斯目錄網站中查詢到各種類別產品和服務的市場份額圖表和各行業的公司排名錶，這對把握市場大局、對比借鑑很有幫助。

▌第二條道路：資訊查詢指南

對商務研究的指導不僅僅會出現在專門的報紙、雜誌、書籍中，現在有許多公司的圖書室和大專院校的圖書館都會在自己的網站上整理出這些相關數據供人檢視，比如哈佛商學院貝克圖書館的管理員整理的《貝克圖書館行業資訊指南》、哈特福德倫塞勒科訊圖書館網站、福爾德公司網路情報索引等。這些網站都是我們開展商務研究、進行數據收集的寶貴工具，千萬不能忽視。

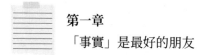
▌第三條道路：訪談

　　作為每一個麥肯錫專案不可或缺的內容 —— 訪談，我們不僅能透過訪談獲取主要數據，還能藉此發現獲得第三方數據的重要來源，而且它的價值並不局限於數據收集，當我們透過它來驗證觀點時，被認可的機會也能得到增加。由此可見，訪談有著明顯改善決策品質的作用，所以麥肯錫公司在數據收集上廣泛依賴於能面對面溝通的訪談。訪談的具體方法我們將在第三章重點說明。

最真實的一手資訊

麥肯錫諮詢顧問解決問題時的一整套分析方法的核心所在以及他們所遵循的三項原則是：以事實為基礎，嚴格的結構化，以假設為導向。

基礎，顧名思義，但凡想要獲得成功，必須有個堅實的基礎，否則再多的結構和假設都只會變成搖搖欲墜的豆腐渣工程。麥肯錫相信「事實是友善的」。將事實作為分析問題的依據、規劃未來的基礎是麥肯錫自 1923 年創辦以來，一直所堅持的必要原則，麥肯錫人也因此獲得了多於其他商界人士的成功和良好聲響。

正如一位麥肯錫的資深專案經理所言：「當你開始在麥肯錫工作的時候，收集和分析事實就是你存在的理由。」通常在進行專案的第一天，麥肯錫團隊的所有成員所要進行的工作不是各抒己見，而是做一些看似枯燥無味、難以展現自己才華的工作，那就是對成堆的外部數據和內部研究報告進行詳查和梳理，這便是非常被麥肯錫看重的「以事實為依據」。

為什麼事實對於麥肯錫的工作方法如此重要呢？

1. 分析問題時心裡有數

商業問題之間存在許多相似點，這是我們所認同的，不過相似的問題卻未必能套用到相似的解決辦法之中去。想要在商務諮詢中使用一勞永逸的萬能鑰匙是行不通的。能提出正確的問題可以說明你的機敏聰慧，但如果你在後續分析問題、面對別人的質疑、說出問題的解決方法時卻因為缺乏對於真實資訊的了解而言語之間支支吾吾、一副束手無策的表現，那麼

不僅僅使你自己會陷入窘迫的境地，對當初的「靈光一現」產生質疑，別人對你的好感也會大打折扣。想要令自己分析問題時說話底氣足、保持清晰的思路，就應該做到心裡有數，數據的「數」。

2. 有利於做出正確的決策

因為當你想要在第一次團隊會議上對問題的每個部分都加以相應說明的時候，若是失去了事實依據，那麼即使是最有經驗、富有才幹的企業決策者也未必會比一線的實際工作人員知道得更多，各種局限性的客觀存在和被忽視的事實都會影響最終的結果，所以全面和透澈地了解清楚事實之後再下結論，才可以盡快搞清楚自己走的方向到底對不對，以便確保自己所提出的任何建議都不偏離有效解決實際問題的軌道。

3. 增強問題分析的可信度

在諮詢顧問和客戶之間搭建起信心的橋梁的方法之一便是讓諮詢顧問可以充分展示自己所知道的內容，提供強而有力的方針幫助自己建立明確的假說。一旦你透過對數據收集進行更多的思考和投入更多的關注來掌握了不為人知且別人感興趣的事實，你的說服力就會大大提升，你的建議就會更容易被人接受。

實施指南

前面已經說過了麥肯錫人常用的收集資訊和數據的方法，這裡要說的是如何從繁多的資訊和數據中找到最初的、最真實、最嚴謹的一手資訊，因為它們才是事實中的事實。

什麼是一手資訊？

我們可以用形象的比喻來理解「一手資訊」這個詞：一輛汽車剛剛下了生產線，出廠的時候，它就是一手的，是沒有經過任何人使用和改裝的，一旦被售賣出去，做了汽車美容、更新了配件，它就不再是一手汽車了，若是經過了好幾個主人的數次買賣之後，一手汽車和 N 手汽車的樣子肯定是極容易分辨出來的。如果你想要評測某一款汽車的效能，肯定不能用那些做過汽車美容和配件更新的汽車來作為試驗物，而是應該選擇原廠原車，這樣才可以得出最可靠的數據來。

簡言之，一手資訊就是沒有經過任何人過濾的數據。

一手資訊優於二手資訊的地方

當在數次實踐中發現了掌握一手資訊更有利於制定出可行性強的解決方案之後，麥肯錫人常會以過來人的身分來建議普通分析人員靜下心來花費幾天時間去集中接觸一手資訊。

雖然過濾和美化過的二手資訊有時候更容易被人們看好，更加容易理解，更加賞心悅目，但是它有別於一手資訊的缺點也不可無視。我們可以從下圖中很好地理解為什麼麥肯錫人在分析問題之前、收集數據之時會看重需要調查篩選的一手資訊而不是更簡單易取的二手資訊。

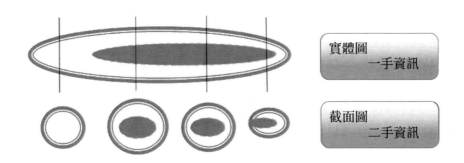

實體圖　一手資訊

截面圖　二手資訊

我們可以把一組數據看做是一塊火腿，當我們全面性、直接看待這組數據時，就獲得了實體的一手資訊，就是一整個火腿；當我們片面、間接獲得這組數據時，就獲得了成為數個切片的二手資訊，就算將它們累計起來，也可能無法組成一個完整的火腿。再精緻、再優化的二手資訊，本質上也都是某一個片段式的資訊，它們只是從擁有眾多層面的複合性質的對象中根據個人見解和需求巧妙地抽取出來的，比如間接的文案、報告或論文等，它們處處展現著人的思想對事實的「影響」，而且有些二手資訊甚至會比一手資訊更加複雜，沒到現場親身接觸檢視就無法很好地理解。所以嚴謹的麥肯錫人是不會賦予二手資訊作為事實來被參考、被分析的資格的。

▍一手資訊的來源

一手資訊的來源是有幾個方面的，你既可以從基本數據和原始數據上加以了解，也可以從最初的資訊源來加以了解。

比如，當你準備開始接手某一公司關於某個專案的諮詢時，你需要為自己的想法不斷添磚加瓦、使其鞏固豐滿，這一磚一瓦就是最真實的一手資訊，此時你需要問自己一些問題：

- ⊙ 該公司的正確名稱，包括全稱、簡稱、英文名和中文名。這樣你才能在千萬個相關資訊中篩選出最對口的、排除那些「山寨」公司的無用資訊、干擾資訊。

- ⊙ 該公司是上市公司還是非上市公司，明確了這一點，你才能知道應該透過何種途徑去獲取一手資訊、著重獲取什麼樣的一手資訊。

- ⊙ 該公司是否是另一家企業的子公司或分公司，若答案是肯定的話，你所要付出的蒐集工作也就更加具體化、擴大化了。

⊙ 如果你已經初步設想了一些針對這個專案的問題，那麼就需要關注哪些資訊可用來回答自己的問題，包括已經接觸到的、即將接觸到的、較難接觸到的，等等。

⊙ 哪些索引、資料庫或是其他來源包含這些資訊，這是你即將與一手資訊接觸的最後一步。

　　具體而言，當你身處以下專案小組時，你獲取一手資訊的管道和方法也是有差異的：

　　當你負責的專案是關乎製造生產時，你應該走出辦公室、遠離電腦和那些堆積如山的紙質數據，前往生產線與排程的第一線（現場），你獲取一手資訊的來源就是第一線的工作人員，他們更了解實際情況，你從他們那裡能聽到現場人員由經驗所衍生出來的智慧。在時間允許的情況下，與他們一起動手進行某項作業也是非常有意義的。

　　當你負責的專案是關乎銷售產品時，你要去的地方就是銷售第一線，在店面裡和營業員談一談，站在店門口聽取一下顧客的意見，甚至你可以假扮成顧客，去體驗和觀察一下其他顧客在選購時的取向和行動。

　　當你負責的專案是關乎新產品研發時，你必須和新產品一同前往使用商品的第一線，與使用新產品的顧客聊一聊他的使用者體驗、改進建議，比如詢問這樣幾個問題：您為什麼使用該商品？該商品與其他商品如何區分使用？您覺得它有何優勢或是新穎之處？相較於同類產品，它還有哪些不足？

學會利用客戶公司的年報

　　麥肯錫認為：如果想對某家公司迅速增進了解的話，設法找到他們的年報便是首選之事。

　　由於所有企業、行業或主體的每一個方面不可能被一個來源涵蓋。有時候，或許得找好幾處，所需資訊才可能被找到。更棘手的情況是你坐在辦公室裡幾乎找不到某些資訊，或者根本連尋找的地方都沒有，在財務資訊和組織結構資訊方面尤其如此，還有就是大公司的子公司和分公司、非上市公司資訊。

實施指南

　　在網際網路上，有不少公司的年報，因此年報是很容易找到的，通常大量的資訊就包含在簡報的財務數據背後。

　　在獲取年報後，想要加以解讀就需要按照一定的邏輯流程來進行。

┃「股東資訊」或者「董事長寄語」

　　年報前面往往有「股東資訊」或者「董事長寄語」，先要找到這部分，然後進行仔細閱讀。你要站在策略規劃者的高度上，對公司上一年的表現作一番分析，看看公司的管理層怎樣向投資者陳述報告期內的經營情況、財務狀況、投資情況；然後對管理層規劃公司下一步的發展方向作分析，看看公司在發展方面都有哪些期望。

公司的財務指標明細

你要對公司的財務指標明細做一番快速瀏覽，在這個過程中，內心不斷要提出許多問題：像股票價格、收益狀況以及每股收益是多少，接下來的投資重點應該放在哪些專案，等等。

專案細則

對年報進一步研究，然後找到公司的業務單元和生產線，看看公司的高管是誰，而有辦公室和生產裝置的地方都有哪些。

在研究完專案細則後，就可以對數字背後所要告訴我們的資訊進行全力透澈地分析。

尋找異常值

目前為止，你所收集的大量數據可能只是針對問題的某一個方面，現在你要開始尋找其中的異常值 ── 極好或者極差的東西，也就是孤立點，它們是事件的特殊因素。分析孤立點一般是藉助一些專業處理統計工具進行比值或者關鍵值的數據分析。如此一來，往往能夠找到調查公司關鍵資訊的機會。

對該公司年報進行分析時，常常需要收集其近 5 ～ 10 年的數據資訊。當大家要收集公司銷售人員的數據時，可以把每個銷售人員過去 3 年的平均銷售額輸入進去，再除以該銷售人員的交易次數，這也就是銷售人員每次交易的平均銷售額了。在分析表上錄入這些數據，依次從低到高排列，然後研究分析此表，這時最好的和最差的幾個孤立點就赫然在目了。值得高興的是，一個很有意義的研究領域被大家發現了。當大家找出數據異常的原因時，此時研究就走上了順利的軌道。

過猶不及，你也許並不需要這些資訊

麥肯錫極不同於速讀術或高效能工作術的理念，它認為很有必要刻意地將蒐集資訊的深度保留在概要階段，也就是「不要做過頭」。由於資訊的蒐集效率必定有其極限，如果資訊過多，已經「蒐集過頭」「知道過頭」，這時便使人不能更有智慧。

實施指南

那麼，為什麼蒐集到的資訊不是越多越好、掌握的資訊不是越清晰明朗越好呢？因為凡事都有兩極，過猶不及是無數人的前車之鑑。下面就來看看蒐集過頭和知道過頭到底有何危害吧。

蒐集過頭

在某種程度上，當用於蒐集資訊的努力、時間和所獲得結果的資訊量呈現正比關係時，而某個程度被超過，其迅速吸收新資訊的速度就會慢下來。「蒐集過頭」便是如此。即使大量的時間被投入，但具有實際效果的資訊卻不會呈等比增加。

知道過頭

更嚴重的問題便是「知道過頭」。智慧在到達某個資訊量之前，確實會快速湧現，但是快速湧現出來的智慧若超過某個量就會減少，而最重要的是，「自己獨具的觀點」在逐漸接近於零。這也就是說，「知識」的增長

未必會帶動「智慧」的增長，因此就有了一個經過實踐檢驗的東西：資訊量但凡超過了某個程度，往往會造成負面效果。

對某個領域瞭如指掌的人，如果要產生新的智慧就很不容易，這是由於手邊擁有的所有知識幾乎超越了現有的想法。極易達到「知道過頭」狀態的人往往很聰明或優秀，當這種狀態一旦達到，受到知識限制就會越來越牢固，解脫起來也就很困難了。大家看看那些一流的科學家在達到該領域的權威地位後，往往就不再產生像年輕時期那樣天才的想法了，這也就是其道理所在。

而且，這也是商業界存在顧問公司的一種理由。一流企業在招攬了眾多業界專家後，為什麼還要以高薪來僱用顧問，企業主「知道過頭」便是其中一個很大的原因。因此束縛於該領域「必須論」的刻板印象或禁忌，新的智慧就無法產生，這時就需要「旁觀者清」的諮詢顧問從旁協助了。

未知的好處

當我們感興趣於某個領域時，在新資訊被獲取的階段，我們會關心各種不同的內容或疑點。而每次在尋找答案的過程中，或是向他人求教這些問題時，自身的理解都會被加深，新的觀點或智慧就會不由自主地湧現，處於思維的極佳狀態。當這些觀點或智慧還沒有消失時，也就是還處於未變成「知道過頭」的範圍內，就要停止對資訊的蒐集，這正是在蒐集資訊用於確立議題時的一種祕訣。

做「基本資訊」的淘金者

這的確不是一件易事,麥肯錫校友之一曾坦言:「收集和整理數據比思考要容易得多。」為什麼他會有如此感慨呢?

因為各個公司的文化各不相同,而同樣如此的是公司的「數據偏好」。諮詢顧問所獲得的有效資訊,不在於多少,而在於是否適用於問題本身。當所有的數據收集完後,就需要篩選一大堆事實,猶如從麥穀裡挑選出麥子、從沙子裡淘出金子,這就是在處理一手資訊時獲得的感覺。與此同時,你還需要在某種程度上將常識和基本事項加以整合,然後按照原則進行快速掃描(調查)。在這個過程裡把不相關的東西剔除,將確實能證實或證偽你假設的數據留下,接著提煉這些分析結果,繼而將這些總結後的數據告訴團隊成員,以便使大家做出極為貼切且重要的決策。

要做好這個工作,不但要明白各項分析的意義,還要具備理解能力,而且要把互不相干的事實連貫成有機的整體,豐富的想像力也不可或缺。

案例

麥肯錫校友保羅・肯尼現就職於葛蘭素史克醫藥公司,他每天都會面對這個問題:

「數據收集的流程已經改變。我發現網上有大量資訊,甚至與幾年前相比都多得多。在製藥方面,絕不缺少數據和資訊。實際上,我們已經被淹沒了。有關於市場的資訊,而且還非常詳細,還有大量複雜的科學數據。困難在於,如何準確地找到有用的那點東西。」

實施指南

在「淘金」之時，尤其要注意「避免只憑自己的想法就拍板定案」。通常在商業上對業務環境進行推敲時，需持續觀察下述要素：

1. 業界內是怎樣的競爭關係；

2. 潛在進入者是哪些；

3. 替代品是什麼；

4. 業務下游（買家、顧客）；

5. 業務上游（供應企業、供貨商）；

6. 有哪些技術和創新；

7. 相關法規。

在 80 年代初，麥可·波特（Michael Porter）提出的五力分析模型便是前 5 項，再加上 6 項和 7 項，合計就是 7 個要素，具體內容如下圖所示。

學會觀察上述要素之後，你需要特別注意其中包含的重要三點：數字、問題意識、架構。

數字：以數字為根基在科學界是理所當然的現象，這也常見於商業界。像營業利潤率、市場規模、市場占有率之類的數字，通常討論業務整體時就會提出來，而每日部門營業額、顧客人均消費額、存貨周轉等數字的提出，便是零售業競爭者的觀點。從整體的角度對大致情況的確定，便是根據「不知道就無法繼續討論」的一系列數字來的。

⑥技術和創新

②潛在進入者
・進入障礙
・成本優勢
・預期反應等

⑤業務上游
・供應商
・供應鏈
・壟斷情況
・成本等

①業界內的競爭關係
・市場的成長和動向
・經濟學
・現在的關鍵成功因
素 (KFS)
・定位等

④業務下游
・顧客、消費者
・服務者
・管道、物流
・價格敏感度
・壟斷程度等

③替代品
・相對價格
・轉換成本
・顧客敏銳度等

⑦相關法規

　　問題意識：摸清過去以來的脈絡，在該領域、企業、業界中找出常
識，然後與專案領域相關的一般共識，以及從前討論過與否、討論的內容
及結果等就是所謂的「問題意識」。需要涵蓋全部的內容來自「如果不知
道這些，與該領域的人就無法進行對話」的取捨標準，另外還要對重要的
觀點進行一下是否遺漏的確認。

架構：以下的資訊無論在哪一個領域都需要，例如：課題到目前為止整理的情況，怎樣定位課題周圍的事情；還要對正在討論的問題在既有架構中是何種定位有所了解，以及如何解釋。要想輕易掌握整體情況，具體而言，可活用下述資訊來源：

1. 總論、評論；
2. 雜誌、專業雜誌的專題報導；
3. 分析報告或年度報告；
4. 主題相關書籍；
5. 教科書中相符的幾頁。

在這裡強調一點，對於討論關鍵技術的專業部分在看書時不妨避開，只看其中有關基礎概念及原則的內容就行了。這樣不僅可以培養時間軸上的宏觀角度，還能吸收新舊觀點，也是不錯的。

對基本資訊進行歸納整理之後，向可能會把大家帶往兩個方。方向一是透過分析，假設被證實，這時就要把掌握的數據進一步弄清，然後決定採取什麼樣的行動：反之，分析過後，假設被證偽，此刻就需要再分析一番，或許不必，總之要重新設立與數據相符的初始假設，以便切合數據。

實現增值的知識管理

當前企業界的熱門話題就是知識管理。眾所周知，管理諮詢是高智慧的服務事業，具有豐富的管理知識和經驗，並且掌握了諮詢技能的人才能從事。知識管理是知識型企業的不二出路，因為它們的產品就是「知識」，而知識正是「運載智慧的血液」。

麥肯錫能做到現在這樣的成績，知識管理功不可沒。麥肯錫自 1926 年成立以來，知識就是管理諮詢顧問公司賣的東西，麥肯錫管理諮詢顧問公司作為知識管理領域的領先者是被公認的，其他技術密集型公司都在競相效仿它。離開麥肯錫後的很多人，都對麥肯錫的企業文化和在知識管理方面所建立的電腦系統、資料庫、查詢技術等念念不忘。

麥肯錫是怎樣管理自己的知識金庫呢？

麥肯錫首先從理念上強調，持續不斷對知識進行學習的這個過程是必需的，而不是暫時性工作，更不是與特定諮詢專案相關聯就可完事。

公司為了促進學習，建立起了科學的學習制度，還有專門的組織機構保證這一制度的持續實施。麥肯錫在內部創辦了一份刊物，讓那些沒有時間和精力著書卻擁有寶貴經驗的專家們有機會與同仁共享思想火花，這樣一來，公司內有益的知識和經驗就會得到有效傳播。

公司在選拔各個部門推進學習機制的負責人時，是從內部選拔出了在各個領域有突出貢獻的人，然後讓他們負責從部門裡挑選組成核心團隊的人員。而有關專業領域的知識和經驗便可從他們那裡來獲取，從而使資料庫中的專用知識在加強中得以完善，最終讓資料庫的資訊資源更為全面。

麥肯錫為了在組織內進一步促進知識和資訊的充分流通，建立了以知識貢獻率為衡量標準的評價體系。

除此而外，麥肯錫對資訊化在知識管理中的運用也極為重視，其建立了一個資料庫，名為「網上知識管理平臺」（KNOW），用以儲存在客戶工作過程中累積起來的各種資訊資源，維護資料庫則是委派了全職的專業資訊管理技術人員，確保庫中數據的更新。在諮詢專家需要從資料庫中尋找資訊時，就會提供相應的檢索幫助，從而提高使用效率。

案例

比爾·羅斯是麥肯錫校友，曾在奇異公司運輸分部擔任業務發展經理，以下是他對自己公司知識管理的評價：

我為曾在一個像麥肯錫那樣重視知識的公司工作而感到幸運。奇異也屬於一個學習型企業，而傑克·威爾許是這方面的主導人物。對奇異而言，具備知識管理的能力才是其取得巨大成功的核心。

公司不管內外的每一個人，都對最佳實踐很重視。各部門和專門團體有著定期的交流，像服務理事會之間，我們要對每個人的主要專案做到隨時了解。由於大型資料庫更新起來太費事，因此我們並不依靠。而做到這點是透過經常性的碰頭會，像每季度召開共同討論最佳做法的跨部門會議。這是既及時、效果又很好的做法。

實施指南

大家首先要清楚，數據和資訊並非知識。數據是什麼？它是具體的數字，也是一種觀測結果，更是一種事實。而收集和綜合數據便是資訊。對

資訊、經驗和背景的增值整合才是知識。大腦是這一過程的開始，我們此時把它稱為「未編碼」知識更為確切。而以書面檔案形式或口頭討論來與他人進行分享，便稱得上是「已編碼」知識。公司的知識管理是一個系統過程，它是能使「未編碼」和「已編碼」知識最大限度實現價值的保證。

　　一個知識流程完整的閉環包含了五個環節：知識的產生、標準化、稽核更新、儲存以及共享應用。想要對麥肯錫的知識管理體系有更加直觀和清晰的了解，你就得來聽聽我是如何詳細介紹其中每個環節的。

▌知識的產生

　　知識的產生包括知識本身的來源，以及如何被收錄進入我們自己的管理系統裡。

1. 知識來源於哪裡

　　諮詢專案、知識合約和知識開發專案（KIP）等是麥肯錫自身知識產生的三個來源。麥肯錫的核心業務就是諮詢專案，也就是專案組把諮詢服務提供給客戶，而專案的核心交付物、專案建議書、案例研究等內容就是其產生的知識。麥肯錫自身以簽訂合約的方式，對外部的數據數據進行購買就是所謂的知識合約，如商學院的期刊、分析報告、外部數據等等就包含其中。

　　麥肯錫自己內部的知識開發專案（KIP）在這裡需要重點強調。麥肯錫在內部推行 KIP，KIP 是指透過確保和客戶專案同樣的資源，如人力、財力，然後專項研究某些對未來公司專案中有重要應用的知識。公司一般自身進行投資，而專門管理的是獨立的「知識委員會」，通常麥肯錫的知識委員會組成人員是全球董事以及資深專家。KIP 的設計準則如下：首先確保所有的「知識開發專案」具備明確的專案目標、最終產品、專門負責

的團隊、領導支持；然後在公司內部建立「知識開發專案」成果的透明、暢通的共享通道，從高階管理者和更超前的視角來選擇專案課題。KIP 極好的效果是在高層的推動下獲取的，而在全球不同的辦公室，這種成果被廣泛共享，並在日常客戶的專案之中得到有效應用。

2. 收集知識的流程

麥肯錫根據不同來源的知識，對知識收集的流程進行了不同的設定。比如從諮詢專案中得來的知識內容（包含 KIP），先到知識編輯小組進行彙總，然後知識編輯小組把相應的內容處理一番（當然這裡主要是對客戶保密需要的考慮，此時剔除掉涉及保密的敏感性的數據），再轉交到知識管理小組，相應的上傳和推送就是知識管理小組這時的工作，需要直接彙總到知識管理小組的則是來自外部的知識。

▎知識的標準化

知識的標準化是一個知識分門別類進行管理和精細化處理的過程。

1. 管理模板

在麥肯錫全球各地的分支機構以及專案團隊，要求使用公司統一訂製的檔案模板，這樣就能展現其自身的專業性。而知識管理小組負責檔案模板的設計，還會對其進行定期更新和發布。

2. 管理知識標籤

管理知識標籤對知識的分類和查詢很有益處。地域標籤、行業標籤和職能標籤等是目前麥肯錫知識庫中的知識標籤。把相應的標籤貼於知識檔案，對檔案的精確定位將更有利。標籤要遵循特定的原則來分類，每一個

新標籤都有其定義和說明，而不重複不遺漏（這就是著名的 MECE 法則，後面章節將會詳細講解）是標籤之間必須遵循的原則。每一類標籤不能超過四層的分類，負責知識標籤更新的也是知識管理小組。對主題事務缺乏直接了解的人，知識標籤可確保他們能大致看懂知識管理系統中的內容。知識管理小組還要確保對任何檔案都能夠根據知識標籤這樣的關鍵詞或其他搜索方法來進行檢索。

知識更新

電腦程式設計師常說的一句話就是輸出品質取決於輸入品質。要想開發出富有意義的知識管理「編碼」體系，必須確保獲得準確而及時的數據。很多公司在 20 世紀 90 年代中期，試圖建立以資料庫、專家索引、內容倉庫為一體的複雜知識管理系統，但多數鳴金收兵，其原因就在於系統中是不準確或已過時的資訊。

在知識的更新裡有兩個循環：

知識使用循環是第一個循環，公司員工發起了這個循環，也就是說員工需要的知識內容是從知識庫中獲取來的，而運用到研究和專案中去的是自己總結提煉後的東西，再透過專案的交付產出，然後編輯經過審批，繼而進入知識庫裡，這樣知識就形成了不斷更新的循環。

知識回顧循環則是第二個循環，知識管理小組發起了這個循環，對知識庫中的知識進行回顧和盤點是知識管理小組定期要做的事，剔除重複以及不再有效的知識，同時回饋已有知識出現的欠缺，然後將知識二次加工後再放入知識庫中。

常態化是知識的使用循環，不定期則是知識的回饋循環。

▌知識儲存（IT 平臺）

以結構簡約、功能齊全著稱的麥肯錫網上知識管理平臺（KNOW），有著強大的搜尋功能，自動按照從高到低的匹配度來進行排序，還有專家頁面的設計，這樣就關聯起了知識與專家，以及可以提供特定領域，如專業領域和行業領域的知識彙總。把「人」與「知識」進行整合是 KNOW 的核心設計思想，以輻射拓撲搜尋使多維相關資訊空間得以輻射到，從而變為日常工作真正有效的基礎。

公司擁有的資料庫主要有兩個：PD-Net 是其中之一，它有以前撰寫和「淨化」的、供公司諮詢顧問共享的報告等，以「內容」資料庫來看待也不為過；另一個是「人物」資料庫，它含有不同行業、不同領域的麥肯錫專家名錄。這兩個資料庫的使用者對數據進行分類檢索時，都可根據辦公室、行業、專家、時間或若干其他標準來進行。

▌知識共享應用

只有流動起來的知識才有價值，才有力量。麥肯錫一般利用以下幾種形式來讓知識在各部門成員之間分享，實現最大利用率。

1. 導師制度

在麥肯錫公司裡，很多員工都承認，基於工作實踐的「導師制」方式是對自己工作幫助很大的知識管理工具。在同行業中，麥肯錫的合夥人占諮詢顧問的比例是最高的，諮詢公司通常比例為 1：10～1：20，而麥肯錫已經在 1：6 左右。因此，給每位諮詢人員配備一名合夥人擔任「發展小組領導」（DGL），他們是具備這個條件的，讓其專業的導師把意見和建議提供出來，以助他們確定專業成長道路和職業發展方向。麥肯錫認

為支持架構中最重要的一個組成部分是 DGL 的角色，在麥肯錫把導師做到了極致的就是這種類似傳統產業內部「師徒制」的授徒方式。

2. 全球化培訓

真正意義上的高度全球化是麥肯錫全球化的培養手段，不管處於何種級別的員工及諮詢顧問，每年接受離職培訓平均至少有兩週的時間。這兩週時間絕大多數都在海外進行培訓。此類培訓不僅是知識、技能的培訓，而且是與全球其他分公司同仁建立全球網路的機會。

3. 完備的許可權體系設計

麥肯錫的知識管理平臺（KNOW）能確保知識在安全的條件下共享，是因為它有著完善的許可權體系設計。搜尋、訪問、下載是許可權設定的要素，麥肯錫根據員工級別的不同，設定了相對應的許可權要素。同時 KNOW 平臺對許可權申請流程的設定是為了避免由於許可權設定而導致的交流障礙。哪個級別的員工想對許可權要求之外的知識內容進行檢視，可以向合夥人提交申請，透過合夥人批准後，再向知識服務團隊技術小組提交，合夥人的要求是該小組做出是否為員工開關許可權的判斷條件，他們根據判斷把結果回饋給合夥人，申請的員工將收到合夥人回饋的最終結果。

第二章
問題當前：壓縮時間，提高效率

當你手頭上有了要盡快解決的專案，你會怎麼辦？多數在工作中缺乏邏輯思維的人都是想到什麼就做什麼、走一步算一步。秉持著這樣隨緣工作作風的人多半無法成為優秀員工，更無法成為團隊的主幹力量。因為你身為職場人士卻沒有工作效率，便會因此失去各種成果和機遇。

特別提醒您：我們有好多驗證過的經典方法可以借鑑，在提高工作效率上能助您一臂之力。

不願費時列分析計劃＝走向失敗的捷徑

分析在麥肯錫解決問題的流程中，有著不可或缺的作用。麥肯錫公司，其員工以分析為重是在工作頭幾年的主要任務，而且分析能力在麥肯錫應徵新人的各種標準中幾乎居於首位。

在評價合夥人和董事時，會把其團隊分析能力的權衡以及提出增值建議來作為整體的考量。也就是說決策者即使直覺敏銳、經驗豐富，當在公司內部要溝通你的解決方案時，此刻良好的分析絕對會有益於你，使你在極短的時間內獲得他人的支持，也讓你的解決方案得到快速實施及推廣。

案例

一般高階顧問在麥肯錫公司說服客戶來做諮詢時，會用一個經典的故事來給客戶講述公司需要諮詢的緣由。湯姆‧彼得斯是負責企業組織發展的專家，他經常講述下面這個故事給他的客戶聽：

博士約翰‧科特在紐約州被分配到一家研究所，在那裡他成為學歷最高的一個人。

有一天他去釣魚，地點是部門後面的小池塘，而研究所正副所長恰巧就在他的兩邊釣魚。

約翰‧科特向兩位領導微微點了點頭，就專心釣魚，他覺得和主管有什麼好聊的呢？

片刻，所長把釣竿放下，還伸了伸懶腰，就快速地從水面飛也似的走到對面去上廁所。

所長令約翰·科特目瞪口呆。這難道是水上漂？不可能吧？這可是一個真實的池塘啊。

上完廁所的所長回來時依舊是「飛掠池塘」。

約翰·科特心中很納悶兒又不好去問，就是礙於「無所不知的博士生」這個頭銜呀！

讓約翰·科特更不可思議的是，副所長在隔段時間去上廁所時，其行為和所長如出一轍。

約翰·科特也有了上廁所的念頭。但部門的廁所離這裡也不近；可這是個兩邊有圍牆的池塘，因此得繞十分鐘的路才能到對面上廁所。如何做呀？

約翰·科特憋了好久後，他也不願意向兩位所長去打問，於是起身就往水裡跳：博士生為什麼就不能過了這水面。

約翰·科特隨著「咚」的一聲栽到了水裡。

他被兩位所長從水中拉了出來，兩位所長問他下水的原因，而他卻反問道：「你們怎麼可以輕易走過去呢？」

兩位所長面面相覷，繼而笑著說：「我們是踩著木樁子過去的，這池塘裡有兩排木樁子，因為這兩天下雨漲潮，木樁子被遮掩在水下面。對於木樁的位置我們很清楚，因此就輕易過去了。為什麼你不提前問一問呢？」

這個故事說明公司諮詢占著何等重要的位置。當公司領導人發現奇特的現象，如果像約翰·科特般不願意去詢問，不做具有邏輯性的分析，對問題的實質不善於去追根究柢，只是一意孤行地想當然，「栽到水裡」便是公司的必然結局了。

實施指南

絕大多數的公司都有這樣的認知：如果員工能在一天完成所有的工作會為公司創造最大的價值，假如稍有延遲，那麼就會如同水果蔬菜一樣，擺放在貨架上的時間越久，越不新鮮越貶值，員工的「不努力、不勤奮」會直接導致公司收益的減少。這種認知恐怕是與現實不符的，因為華人講究「凡事豫則立，不豫則廢」，在準備工作上花些時間做出完善的計畫是非常有必要的事情，如果光是追求時間上的速度，而對此加以忽視的話，恐怕「努力勤奮」的員工創造出的價值就會大打折扣，難以達到預期了。

盲目的揣測是快速走向失敗或窮途的捷徑，這是麥肯錫人鄙棄的處理問題的方式。而要想實實在在地把問題解決了，唯分析不能達到。理性、全面的分析計劃是麥肯錫人所推崇的模式。這是看似慢實則快的做事方式。一個成熟的領導或員工必須具備此等理念。

下面讓我們來學習一下麥肯錫解決問題時的策略模型：

其實，每個企業解決問題的必經過程便是分析，主管可以單獨完成這個過程，或是由顧問協助來做。一般麥肯錫解決問題的總程式是採用以事實為基礎、以假設為導向。而界定問題是第一個步驟，然後各個子題便是細分的結果，這樣對解決方案的假設就能快速找出來。繼而就是分析設計、數據收集與解釋的進行，如此一來，就可驗證出事實是否支持「假設」。

在麥肯錫把這裡所謂的分析計劃叫做「工作規劃」。負責團隊日常運作的專案經理（EM）一般來做工作規劃這個任務。在專案早期，也就是在團隊剛剛建立初始假設之後，專案經理便要著手確定哪些分析需要做以及由誰來做。他會帶領著團隊的每一名成員一起討論以下問題：該成員有

哪些任務？完成任務所需的數據在哪裡能找到？最終產品可能是何種樣式？接著，團隊成員將各司其職，一邊盡力完成自己分內的工作，一邊對其他隊員的工作提供支持和協助。

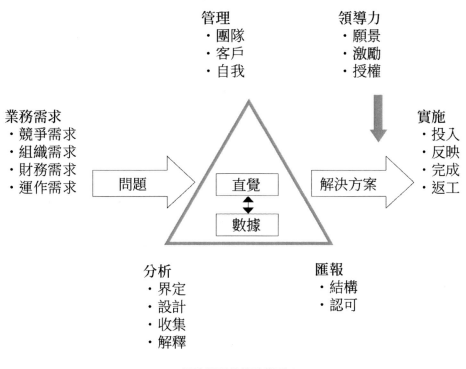

解決問題的策略模型

初始假設的「價值」

在面對複雜問題時，很多人會選擇從零開始，全力查詢並分析手中所有的數據，最終透過研究找到答案。但麥肯錫發現，如在找尋答案時利用初始假設，那麼在分析與研究的過程中將會節省很多時間，顯著地提高工作效率。

「在解決問題之前，先找尋解決方法」，這是初始假設的精髓。這句話看起來不合乎常理，但實際上，很多人都是這麼做的。比如，很多的企業團隊中制定的決策方案，百分之五十是靠真實數據和事例作為基本的判斷與分析，另外百分之五十靠的是敏銳的直覺。

很多人對此持有疑問的態度，他們認為數據和直覺這兩方面互不相干，但其實，它們之間有著微妙的關聯。缺少真實數據的直覺只能稱為胡亂的想像，而沒有直覺的數據只是一堆擺在眼前的資訊。但試想一下，如果真實的數據和敏銳的直覺相輔相成，那麼猜想就有了依據，結論也變得合理。

在第一次的會議上就拿出初始假設的原因在於可以有效地避免掉很多不相干的分析和研究，節省時間和精力。這就如經常玩的紙上迷宮遊戲，研究顯示，從終點處向起始點尋找路線，要比從起始點到終點處尋找路線要簡單得多。其中，最關鍵的原因在於，當已經知道了答案後，會少走很多的彎路。綜上所述，每一個複雜的問題都如同一個巨大的迷宮，而初始假設就是避免你走進死胡同裡的路線圖。

此外，初始假設會幫助你節省很多的精力和時間，它可以幫助你利用有效的資訊快速得出最終的結論，尤其在面對資訊量並不足以得出結論的情況下，它會引導你假設出最有可能的答案。值得注意的是，初始假設並不是憑空猜測，它是建立在真實數據和數據的基礎上，並需要有足夠的膽識和直覺，尤其是面對一些沒有先例的全新問題上，更要謹慎得出假設性的結論。

當得出了初始假設，在解決問題的過程不僅可以讓你更加敏銳、快速地解決每一個問題並且可以協助你做出可行的決策與評估，使之更有效率地完成整個專案。不過即便如此，也要實時重視假設與真實數據中的關聯點，保證初始假設的正確性。

所以，在提出初始假設之前，麥肯錫會讓專案團隊內所有的成員事先做好萬全的準備，只有掌握了足夠多的數據，並對整個專案進行了解之後，才可以根據所掌握的訊息進行初始假設。如果成員之間有不同的假設，那麼有必要為此開一次會議共同探討。

案例

《麥肯錫意識》的作者曾在麥肯錫工作過，他表示：

在麥肯錫工作時，我們幾乎每一天都要和數據相處，這使得我們必須把所有的時間和精力用來研究數據，不但我們是這樣，與我們合作的客戶也是如此。那時候正是建立入口網站的初期，我們不得不在數據不足的情況下探討出問題的關鍵點。

我只能這樣說：「靜下心來想一想，我們對那三四個最大的市場都了解到了什麼？又有著怎樣的評估？」很多時候，我們會根據問題很快地找

到問題的關鍵，並且盡可能有一定的準確性。對此，我們會做出一些假設：「假如市場規模為 X，那麼結論應該是什麼？」我們會重複這些假設性的過程，如果市場規模為 X，那麼 Y 的假設必然成立。這時，我們就會把重點轉移到 Y。

因為有了假設，這個流程變得清晰了很多，雖然我們沒有辦法準確地得出結論，那段時間裡還在盡力地考察市場規模，但是我們有了方向，並且在假設中我們找到了所有資源的可能來源，這些付出在最後都有了回報。

鮑勃·加爾達是麥肯錫的校友，在美國杜克大學富甲商學院任教，他就曾用一個以真實數據為推斷的初始假設一改公司的傳統運作，最終扭轉了公司的核心業務，為公司創造了奇蹟。

近二十年來，沃爾瑪、凱瑪特和塔吉特這三大客戶的商品價格一直給予我們重壓，他們威脅我們說，如果我們依舊不降價，那麼他們就會選擇印度或是中國的供貨商與他們長期合作。為此我們開會討論，並且得出了幾種方案：一，降低商品的成本；二，從印度和中國進貨，再轉手給客戶；三，緊急進行新產品的研發；四，以上三種方案同時進行。

當時我提出的假設是，以推出新產品的方式，盡可能地減少價格方面的壓力。和我預想的一樣，當我們興致勃勃地推出新產品時，他們一時間忘記了對我們進行擠壓。為此，我們就可以從被動變為掌握主動權。後來，我們每隔一段時間就會推出新的產品，漸漸地他們不再向我們提出降價的要求。事實證明，我當初的假設是正確的。

為了假設的準確性，鮑勃在此前還將自己的假設與另外幾種策劃做了比較，如果採用第一種方案 —— 降低成本（實際上公司的領導層認為這是唯一的解決方法），那麼實施起來會很困難，因為想要在成本上少於印度或是中國，對於公司而言，是沒有利益可言的，更談不上長期合作。

　　另一種策略 —— 從印度或是中國進貨，再轉手給三大客戶。當時公司領導層中幾乎三分之一的人對此方法表示支持，但是我卻認為這種想法毫無操作性可言。第一，如果採納這種策略，我們作為一個中間商，並不會為三大客戶創造更多的利益，可想而知，三大客戶必定會甩掉我們直接找到供貨商；第二，解決不了根本的問題，公司的利益只會持續降低。

　　所以，我們不得不使用另外一種方案來解決這個難題，那就是利用新產品的吸引力，既保證了我們的利益，又解決了問題。

實施指南

　　初始假設也並不是每次出現都能作為解決方案的雛形的，因為但凡假設必須經過事實的檢驗才能獲得真正的利用價值，下面就來看看麥肯錫是如何將初始假設百鍊成鋼的吧。

創造最初的假設

　　雖然初始假設的建立可以讓你更為快捷、有效地解決實際問題，但是想要得到好的結果，必須有大膽的假設、謹慎的思維。在做出假設之前，必須以真實數據和事例為出發點，即便在很多時候我們不能找全所有的數據，那也要憑藉已經掌握的資訊，運用自己敏銳的直覺來設想最有可能的結果，從而判斷可行的方案。

　　可以在專案開始實施之前，盡可能多地去了解實情，比如你可以多閱讀一些相關的報刊和書籍。這樣做不單單是為了尋找數據，也是為了對專案有深層次的了解。比如，你可以了解到行業的基本特徵，大體的現狀等等的方方面面，也可以從中找到行業內的專家，向他們學習一些經驗和解決問題的方法。

在起初，不必要找到周全的數據，只要對其有足夠的認識和了解就可以了，最好你所處理的問題和你的行業背景相符，那麼在專業知識的鋪墊下，假設起來就會輕鬆很多。

不要忽略腦海中的每一個靈感，因為那很有可能就是一個可行的假設，一把開啟問題的「金鑰匙」。

▌粗略檢驗假設

要明白，假設本身並不意味著最終的結果或答案，它更多代表的是一個需要被求證或被辯駁的最初理論。所以，無論在查詢數據中，還是在階段會議上，無論是自己一個人，還是和團隊並肩作戰，都要實時地對初始假設進行正確率的判別。可以這樣問自己：如果要證實眼前的假設，那麼哪些是這些觀點的必要的成立條件？如果其中任何一個條件是否定的，不成立的，那麼假設將會失去意義。利用這種方法，可以在很短的時間內證明假設的正確性，當你需要在很多個假設中做排除法時，這種方法可以造成很關鍵的作用。

假如初始假設是正確的，那麼專案進行到尾聲時，它就會被展現在簡報材料上；假如初始假設是錯誤的，那麼在證實假設的過程中，你會發現錯誤的所在，從而找到正確的解決途徑。在那時，記得將你的初始假設記錄下來，無論它正確與否，都是你解決問題的途徑。

除此之外，不要過於追求假設的正確性。專案的初始假設並不像考場上的數學題一樣，追求滿分的正確率，要知道，專案更重視的是質，而不是量。打個比方來說：在商業中，推出的新產品的著重點並不在於它可以給公司創造 100 萬美元的收益還是 1000 萬美元的收益，而是要把目光放在商品的前景和方向上，而非是那些精確的數字。如果選錯了方向，那麼將會失去更多的利益。

　　不得否認，在大多數情況下，由於時間的限制，我們沒有辦法掌握足夠的數據和資訊，這意味著沒有辦法去準確地分析數據。這時，很多有經驗的領導者是可以憑藉著直覺做出準確的假設，並根據假設做出可行的決策。當然，如果你的經驗並沒有那麼豐富，或者你對某一個假設保留遲疑的態度，那麼最好不要妄下結論，可以在有限的時間內多找一些數據來輔佐你的假設，提高它的正確性。

　　麥肯錫常常以初始假設為判斷，討論問題的解決方法，他認為在任何專案中，假設都具有解決問題的神奇功效。

　　可以嘗試著從關注的問題中做出假設，比如非商業性的假設 —— 全球變暖的問題，從中根據你的思維和立場提出你的假設。這些假設都是正確的嗎？如果要驗證你的假設，需要考察哪一方面的數據呢？當然，如果對此並不感興趣，那麼可以從你的工作中遇到的問題做一個假設，如果要讓其中的每一個假設成立，那麼現在你要做的就是對每一個假設進行驗證。

▌檢驗初始假設

　　當你已經建立好了最初的假設，那麼首先要做的就是驗證一下你的假設是否合乎常理，這就如同你設計了一張路線圖、查詢路線圖中有沒有死胡同的道理是一樣的。你要考察的方向並不是你的假設是不是最優質的，而是你的假設是否考慮周全，是否涉及了提議中每一個關鍵點，並且要檢驗清楚，假設是否具有可行的操作性。

　　很多時候，專案組集體設計出的初始假設要遠遠比個人的創作具有可行度，原因在於很多人不會對自己的思維進行正確的判斷，我們需要別人的客觀性來檢討自己的觀點，為此，由幾個人組成的討論組設定的初始假設更有準確率和可行度。

所以，當第一次召開會議時，往往會出現「百花齊放」的壯觀局面。因為每一個人都有自己的思維和想法，所以每一個人都有獨到的見解和假設。對此，不要否認每一個和你意見相左的假設，要善於將所有的假設和自己的假設相對比，並驗證每一個假設的正確性。如果你是專案團隊中的領導者，那麼你更應該成為大家的領袖，帶領你的組員們進行換位思考，問一問大家：「如果他的假設成立，那麼我們應該怎麼去做？」對此，會有很多不切實際的觀點，這也是討論的樂趣之一。

直接尋找解決方案的個別情況

解決問題的前提條件並不單單隻有前期的初始假設，這就如同麥肯錫解決問題的其他規則一樣，凡事都不具有唯一性。初始假設的優勢在於，可以更有效地推動組織的程式和思考。可在有些時候，客戶知道問題的存在，但找不到出現問題的緣由；有時專案的伸展性太寬，光是使用初始假設會找不到切入點；有時會在專案中發現新的問題，這樣就不得不重新尋找其他的可行方案。

當遇到了以上幾種問題，請不要灰心喪氣，因為麥肯錫人的經驗告訴我們，沒有任何一個專案的解決是一帆風順的，多多少少都會在分析和解決的過程中遇到新的難題。但這時，因為有了足夠的經驗和事實，新問題的解決也只是時間問題而已，只要將自己敏銳的直覺和事實結合在一起，那麼解決方案就會很快浮出水面。

案例

哈米什・麥克德莫特曾是麥肯錫的專案經理，他講述了這樣一個真實的故事。

在工作期間，一家大型銀行曾找我做一個關於提高外匯業務業績的專案。客戶公司的目標為將銀行後臺的營運成本減少 30%。這是一個很龐大的數字，那時候我一直毫無頭緒，我想不出任何一種可行的假設，實話說，我對這個專案的了解少之又少。

為此，我專程找到了客戶團隊的負責人，和他進行了正式的交流。對方的態度讓我大失所望，只聽負責人大言不慚地說：「如果你們對此一無所知，那麼只會出現兩個後果。第一，你們會做出一些不可行的建議，這些建議注定對於我們起不到任何作用；第二，你們可以聽取一些我們已經得出來的結論，對此實施，但你們的參與不會給我們公司創造任何的利益和價值。我知道你們為此付出了很多的精力和時間，但是對我們而言，你們完全是在浪費我們的時間和金錢。」

雖然他對我的態度不是很友善，但是最終他還是將掌握的數據整理給了我。透過研究，其中的某一個產品雖只占據銀行業務的 5%，但它的成本竟然占了總公司業務成本的一半，我想，假設可以改變這一產品的狀況，那麼解決問題就指日可待了。在餘下的時間裡，我們針對此產品設定了解決方案，並在很短的時間內解決了問題，幫助銀行的後臺減少了接近 40% 的成本。

實施指南

要切合實際地對待需求的反應，面對突發狀況時，要根據實際需要謹慎處理。當然，不要放大狀況的存在，因為在特殊情況下，很多的狀況會自行消失。要把時間和精力投入到有必要的工作上。

「允許例外的存在」是麥肯錫解決問題規則的特徵之一。麥肯錫很清楚初始假設在成功解決問題時的位置 —— 它不是先決條件。初始假設雖然益於組織推進及思考，可實際情況是，我們找不到問題的關鍵和來源，甚至因為專案的局限性讓假設無從推斷。在為此而傷神之時，麥肯錫人會告訴你不是祕訣的祕訣 —— 無論任何商業問題的解決，都是以事實為基

礎的。在事實充沛的情況下，解決方案的形成只需你用創造性的思維把這些事實結合在一起就行了。

此外，麥肯錫人從來不會被問題的嚴重性所嚇退，而行家裡手卻常會如此，這是為什麼呢？因為前者清楚問題的生成和存在是依附關係，而後者卻一味「當局者迷」，並且自高自大。前者已經在切合實際地順藤摸瓜了，後者還陷在慣性思維裡。當前者的解決方案獲得支持時，後者才意識到自己把時間浪費在了哪裡。

因此我們說解決方案不是難找，而是切合實際不容易被踐行。麥肯錫人之所以能一次次從困境中成功突圍，其緣由便是對解決方案中個別情況的重視。而常規情況對麥肯錫人來說，從來也不會輕視。這是全面思考的展現，更是不遺細節的獲勝。同時這也是麥肯錫人對初始假設客觀看待的心境所在。所以，解決方案對麥肯錫人而言，不存在找不到這一說。

一切事實和假想都必須建立在結構之上

雖然通常麥肯錫使用這一「以事實為基礎」的術語，可解決問題的過程卻是從結構開始，而並非始於事實。結構不但是思維工具之一，更為重要的是，它是一種生活理念。

解決問題的分析框架被稱為結構，詳細地說，就是先界定問題，然後再細分問題，繼而才能對問題做進一步的剖析，這時再把可能成為解答的假設找出來。結構化概括地說，就是記錄下每一個最高一層的建議方案，接著將它劃抽成問題。一個正確的既定建議方案會有哪些問題產生，然後將各個問題的可能答案進行考慮，這時再進行到下一個層次。當你的初始假設正確時，那麼對問題的解決，只需實事求是地分析這張圖的細節，並填上文字即可。下面，你要記下各個問題的下一個或兩個層次的細節，以便在對各個假設證明或反駁時，把你所需要的分析加以確定。

常常令離開麥肯錫公司的人感到震驚的是許多公司鬆散的思維過程。其實大部分人與生俱來就沒有這種縝密的系統化思維方式，需要透過後天學習才能掌握。令人遺憾的是，對於這方面的內容，大部分大學課程都不涉及，而這種技能培訓也很少有公司有條件、有意願對員工來進行。在美國商界，甚至一些最負盛譽的企業，對於使用系統化方法來解決問題也未必重視。

實施指南

我們已經了解到，系統化思維對任何商界人士而言，在對問題解決的所有武器中有著至關重要的作用。

　　企業管理層現在根本無法把所能接觸的資訊全部加以利用，因為資訊實在是太多了。對這些數據唯一的管理辦法，就是將最有用的數據從中篩選出來。不管哪種方法被採取，麥肯錫的諮詢顧問利用嚴格結構化的分析方法，都可以在眾多類似的商業案例中將擺在自己桌子上的原始材料快速納入一個有條理的框架，並掌握客戶所提問題的本質，進而可行的初始假設便形成了，如此一來，完成這項工作的效率被極大提高了。

　　結構不存在，觀點就無法成立。從你公司的角度想一想，做一番在工作中你和同事是怎樣將觀點提出和表達的思考。在解決問題過程中，是否將連貫的結構加以使用了？或者是否把有必要保持內在的一致性和邏輯性給予了足夠的強調？是否往往輕率地做出決定，卻沒有借鑑大家認可的結構，也沒有將事實作為依據？

　　無論你在哪一行業，對自己公司的問題都可以運用這一法則來透視。「嚴密假設，小心求證」應當極為重視，卻不能「天馬行空想像」，這對你在競爭環境中快速建立一個印象不僅有幫助，而且還有助於你對環境可能發生怎樣的變化形成一個觀點，更有可能把解決方案的取得時間控制在合理的時間範圍內，從而為企業創造更多的價值。

　　怎樣將這把利器利用起來？

▍使用議題樹全面驗證假設

　　邏輯樹經過演化就成了議題樹。它的本質是各要素構成的分層結構。議題樹的出現是為了將某個假設必須解決的一系列問題進行證實或證偽。議題樹搭起了一座橋梁，關聯起來了結構和假設，然後簡化現實情況，將一些複雜的問題拆解開之後，它們就會變得很容易理解，因為無序的問題都隨著議題樹的建立而變成了有序的問題。

　　把框架結構加以利用，從中產生的每一個問題都能夠分解成若干子問題，接著進一步來細分子問題。議題樹的建立，便可顯示出所有的問題和子問題。如此一來，你根據初始假設就可以確定要對哪些問題進行提出，分析的路線圖便可以用在這些問題上。在分析過程中有了議題樹，你遇到死胡同還可以迅速遠離，在議題樹建構完善後，那些需要你完成的研究與分析任務就已經被勾勒出來了。

　　怎樣做可以把議題樹這種結構模式充分使用起來呢？

　　第一步，要弄清哪些是最重要的議題。

　　經過一陣的團隊討論，你將事關假設是否成立的三個議題分離出來了：把處理過程縮短能否使成本降低？企業能否實現必要的轉變？產品品質在這種轉變實現後能否保證？在初始假設下面的那一層放上這些議題（見下圖）。保證初始假設成立的前提是這些議題務必成立。

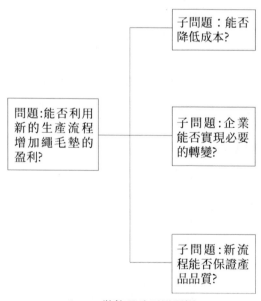

Acme 裝飾品公司議題樹

第二步，在子議題樹上下工夫，把每個問題一級級向下擴充套件。

更多的問題才能促成前面三個問題的答案。細分問題是麥肯錫人對問題界定的一般方法。其原因是什麼呢？通常情況下，一個複雜的問題是可以被若干個簡單的、可單獨解決的小問題分解開的。麥肯錫所處理的問題，或者相當籠統，要想解決必須進一步歸類（像「如何在我們這個行業賺錢？」）；有時很是複雜（像「如果核心市場萎縮時，在競爭壓力和工會要求下，怎樣使股東權益得以維護？」）。當你和你的團隊將問題細分為若干部分，問題的關鍵驅動因素就變得很明確了，這時方利於你相應地進行重點分析。

你的分析路線圖隨著每個問題一級級向下擴充套件逐漸成形。我們要對其中一個問題「企業能否實現必要的轉變？」進行深入挖掘，看看我們將被它將帶到哪裡，你會發現很多子問題被這一問題引出來了（見下圖）。

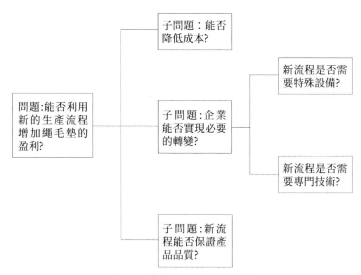

Acme 裝飾品公司子議題樹

　　這其中的一部分是來自於最早進行的腦力激盪；另一部分則是你花費一些時間具體思考這個問題後提出的。你需要弄清各個子問題之間的邏輯順序，這與處理主幹問題的規則一樣。我們做一下練習，假設兩個子問題是這個問題的分支：在進行縮短時間的處理後，新的生產流程是否正需要我們現今所沒有的特殊裝置？是否對我們尚未掌握的專門技能也同樣需求？對於這兩個問題，理想的答案當然是「否」，便沒有必要繼續深究下去了。但是，當哪一個答案出現「是」，這時就不能馬上推翻假設了，而是會將更多必須回答的問題引出來。像問題是關於裝置的，就問一問：「我們是否可以製造或購買？」當否定答案是沿著議題樹提出來的問題得出的，那麼你的假設也就不成立了。

　　第三步，構造初始假設，將這些建議分解到各個層級的各項議題中。

　　當你給出了正確的建議時，它會產生哪些問題？好好考慮一下這些問題的答案。對於每個問題，想要證明假設是對是錯的話，你會用什麼樣的分析方式？以經驗和團隊內部的大量討論作為根據，你就會判斷出被證實的會有哪些議題的答案了。這就可以避免讓你走進死胡同。把每個議題都從你的初始假設開始進行分解，像下圖中那樣的議題樹就會在展露在你的眼前。

　　這只是簡單的分析部分，而在你做深入研究來證明假設的時候會出現更加困難的問題。

　　想要增加裝飾品的銷量，我們可以透過如下方式來實現：

⊙ 將我們銷售裝飾品到零售網點的方式作以改變。

⊙ 將我們向顧客行銷裝飾品的方式改進；

⊙ 把裝飾品的部門成本降低。

　　注意事項：在使用邏輯樹或者其他結構框架時，要時刻考慮你的最終閱聽人。

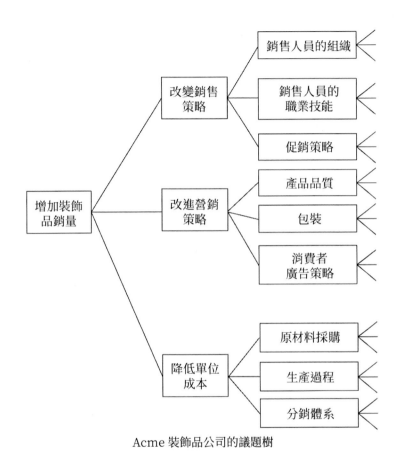

Acme 裝飾品公司的議題樹

　　許多人在看到結構框架後，會不由自主地產生牴觸情緒。我們在麥肯錫往往聽到：「唉，你用在我這裡的方法是別人用過的，但我和他們是不同的問題啊！」

　　對於事實本身，我們知道它可能並不是我們認識的那樣，有時我們看到的、記住的只是事實的冰山一角。就算是同一個事實，也有很多不同的方面呈現在我們眼前，你的最終閱聽人看到的事實未必就是你現在看到的。由此可見，我們現在所建立的結構從某種角度說是為了開闊思路，透

過把關鍵問題系統地羅列出來加以表述，便能於細微之處看到最終閱聽人真正需要的東西。

出於這樣的目的，當你在建立框架結構時，一定要態度慎重，不要隨意套用別人的模板，因為它或許會給現在的問題帶來負面含義，尤其當使用過度時，負面效果更可能會產生。所以，對於陳舊的框架結構應該降低其使用頻率，要想對問題的解決有益，就只有根據框架結構的概念進行以事實為依據的持續不斷地創新擴充套件。

二八法則，關鍵驅動因素是一把金鑰匙

在麥肯錫公司，有兩個名詞經常被提及：

關鍵驅動因素

也許你會覺得「關鍵驅動因素」這個詞有點生硬，但它卻每次都會出現在麥肯錫的內部討論會上，比如，「吉姆，我認為問題的關鍵驅動因素就是它了。」不可否認的是，大部分商家的成功都取決於各式各樣的因素，不過其中總是有一些因素比較特殊，麥肯錫稱為「關鍵驅動因素」，它們要比另一些因素更重要、更有價值。比如現在有 100 個不同的因素（氣候、客戶信心、原材料價格等），影響某個產品的銷售額，但最重要的因素是 X、Y、Z，其他因素無足輕重。

二八法則

二八法則不僅是管理顧問學當中最重要的真理之一，同時也被認為是商務經營上最重要的守則之一，更是麥肯錫的諮詢顧問賴以生存的法寶。它的含義就是「80% 的效果產生於 20% 的分析樣本」，雖然這是一條粗略的猜想規則，但卻是描述了大多數的事實。

案例

艾森・拉塞爾（Ethan M.Rasiel）曾任麥肯錫公司諮詢顧問，他對「二八法則」的應用有著自己的切身體會：我在麥肯錫看到一直在發揮作用的是

「二八法則」。它具有的強大功能令我頻頻讚嘆，而且已經成為我解決問題的經驗法則。第一次在麥肯錫做專案時，我還是商學院的學生。我加入了一個專案組，這個專案組與紐約的一家經紀行進行合作。經紀行的董事會希望將股票出售給大型養老基金，和類似於富達和 T.Rowe Price 的共同基金，藉此提高其證券經紀業務的盈利能力。面對客戶提出的「如何才能提高我的利潤」這樣的問題，麥肯錫首先要做的就是後退一步，反問一句：「你們的利潤來自哪裡？」這個問題的答案有時候並不容易作答，即便回答問題是那些從業多年的人，可能也不是立刻能給出準確答案的。所以客戶把這個問題又拋回給了我們，為了回答客戶提出的這個問題，專案組要仔細檢查客戶的每一個經紀人和交易員的每一筆帳目。研究這些海量的數據，花了我們幾週的時間，透過對數字進行計算，我們首先發現：80% 的銷售額來自 20% 的經紀人；80% 的訂單來自 20% 的客戶；80% 的營業利潤來自 20% 的交易員。這些結果意味著什麼呢？客戶在分配其員薪資源方面存在嚴重問題。隨著研究的展開，我們就發現實際情況遠比我們設想的「80% 的銷售人員很懶惰或者不能勝任其工作」更嚴重。我們發現，客戶有 3 個最強的交易員操縱著 10個最大的帳戶。最終的解決辦法是將更多的經紀人分配到了這幾個大帳戶，比如，把一名高階經紀人和一名初級經紀人指派給最大的 3 個客戶去開發更多的專案，隨著銷售量的增加，他們把「餅」做大了。

實施指南

想要更容易理解關鍵驅動因素，我們可以打個比方：你有十把鑰匙，但其中只有一把是能開啟大門的，其他鑰匙只能插入鎖孔，但是無法轉動，更別提開啟大門了。關鍵驅動因素也是這樣，它就是讓問題得以迎刃而解的鑰匙。

關注關鍵驅動因素就意味著你的工作重點是鑽研問題的核心，將完整的、以事實為基礎的分析運用於此，而不是把整個問題撕成一層層、一片片的小問題去逐個解決，那樣太耗時耗力了。關注關鍵驅動因素可以有效地避免大海撈針式尋找所需的所有知識，更不會因為盲目而走進死胡同。

「二八法則」是由經濟學家維爾弗雷多・帕雷托（Vilfredo Pareto）在研究義大利經濟形勢時總結出來的。他最初發現情況是這樣的：20% 的人口占有著 80% 的土地；80% 的豌豆是由 20% 的植株產生的。隨著研究的深入和調查樣本的多樣化，帕雷托發現這樣這樣一個普遍規律：對於任何系列的研究要素，那些可以產生大部分效果的要素往往就是所有研究要素中的少數派。後來，這一發現就演變成為「二八法則」，並被廣泛地認知和應用到商務活動之中。

若是你關注過或者做過相關的數據統計，你會發現：一個公司 80% 的銷售業績，主要是來自於 20% 的行銷企劃，全國財富總值的 80% 是由總人口的 20% 的人占有的。想要找到問題的解決方案並沒有你想像的那麼難，如果你能隨時注意你事業中 80/20 的情形，將會讓工作變得輕鬆起來。儘管二八法則主要是關乎數字的，透過它未必能帶來直接的、正確的見解，但是對於激發你提出新的問題、進行新的分析、弄清問題還是具有不可忽視的助益效果的。

在工作的時候，二八法則給我們的重要啟示之一便是：你同時無法做好幾件事情，所以只能將大部分精力集中在一件最核心且真正重要的事情上來做。這個啟示可以濃縮成四個字 —— 事半功倍。反之造成事倍功半結果的原因往往是你把 80% 的精力放到一些無足輕重的事情上，所以僅僅取得了 20% 的成效。

　　我們可從關鍵驅動因素和二八法則中引申出更多的見解，比如充分理解「正確地做事」和「做正確的事」的區別。在開始工作前必須先確保自己是在「做正確的事」，這可以算是麥肯錫卓越工作方法的最大祕訣。為什麼麥肯錫會有這樣的認識呢？

　　「正確地做事」強調的是效率，它能帶著我們按部就班地朝目標邁進，當然是以最快的速度；「做正確的事」強調的則是效能，它與速度的關係並不緊密，但卻可以確保我們的工作是在堅實地朝著自己的目標邁進，保證我們所付出的都會帶來回報，而不是竹籃打水一場空。換句話說，做一件工作的最好方法就是講究方法，它等同於重視效率，而重視時間的最佳利用的同義詞則是取捨得當，它等同於重視效能，是一種關乎對錯的選擇，其中不僅包含你應該去做的事情（對的），也包含著你不應該去做的事情（錯的）。這其中的「正確的事」便是在整個專案中起著決定性作用的「關鍵驅動因素」和「二八法則」中的「八」。簡言之，「正確地做事」是執行問題，屬於方法論；「做正確的事」是企業策略，屬於價值觀。對企業的生存和發展而言，「正確地做事」是保守的、被動接受的；「做正確的事」則是進取創新的、主動的。

　　由此可見，第一重要是效能而非效率，做正確的事遠比正確地做事更能彰顯職業素養。在對二八法則深刻理解後，踐行於自己公司的工作時，才能讓關鍵驅動因素展現它金鑰匙般的巨大功能。

別啃雞肋，理順分析的優先順序

對分析熱衷的人面臨巨大的誘惑之一是常做的不是相關的分析，而是有趣的分析。你有責任在制定分析計劃時，扭轉團隊的這種傾向，這其中當然也包含你自己。

因為當時間有限、資源有限的時候，你會面臨兩個同時向你揮手的目標：迅速、準確。而且它們有時候會是對立的關係。身處這樣的局面時，想要兩全其美，你必須找出最重要、最有利的問題進行優先分析，而稍後分析那些相關度較小的問題，並把不相關的問題完全忽略。

麥肯錫的祕訣正是這樣的：作為分析設計的第一步，就是不要嘗試把所有的事情都去分析，而應有所選擇，一定要把必不可少的分析有哪些、能「快速致勝」的分析有哪些（完成較容易）、看起來必不可少其實無足輕重的分析有哪些搞清楚。在工作時要更聰明而不是更辛苦，與假設無關的分析要丟到一邊，如此才能做到事半功倍。

這個結論對於資源有限的小企業特別適用，因為它們無力去大海撈針。就算是你用了一天的時間來區分正確與錯誤的答案，那也絕對是值得的。

案例

野人娛樂公司的查考・索尼這樣描述他的團隊對軟體除錯問題（此步驟是軟體開發過程中的關鍵）的解決方法：

雖然我們必須完全找出軟體的所有錯誤，因為即便是讓 20% 的錯誤

混入發布的產品，這樣的後果我們也是承擔不起的，但我們確實在尋找出現問題的原因時採用了二八法則。程式程式碼中相同的錯誤在很多情況下，會有各種不同的症狀表現出來。我們不是對錯誤的每一種表現進行跟蹤，而是將某個主要錯誤引發的 80% 的影響揭示出來。如此，就為錯誤原因的發現提供了線索。我們可以解決程式碼中的重大問題，而對這個錯誤的每一種影響不必費時費力一一搞清。從一開始，那些對產品有著廣泛影響的關鍵錯誤就被我們設法找出了，隨後我們將餘下 20% 的問題進行了處理，使產品最終達到了上市銷售的標準品質。

實施指南

釐清事物的優先順序是對二八法則的實踐應用，這裡面還是大有學問的，下面就來詳細解說一下：

▌處理問題前：要關注大畫面，開始時就懷有最終目標

在一片叢林裡，我們走進去開始清除矮灌木。當我們將這一片灌木林好不容易清除完時，本以為終於完成了一項艱苦工作，於是準備享受一下此樂趣，挺起腰來卻猛然發現，旁邊還有一片叢林，需要清除的根本就不是現在這片叢林。在工作裡有多少人就和這些砍伐矮灌木的人們一樣，埋頭砍伐矮灌木成了慣性，從來不先想一想要砍的是不是這片叢林。

從工作一開始時你就需要知道兩件事：自己的目的地在哪裡（問題是什麼、想要實現的目標是什麼）、自己現在在哪裡（我已經掌握了哪些數據、做了何種措施）。如此養成一種理性的判斷規則和工作習慣，這樣才能保證你邁出的每一步都是方向正確的。可不要在渾渾噩噩地忙忙碌碌了一大段時間後，才發現自己在浪費生命、做無用功。

▌處理問題前：編排行事優先次序

總是不能靜下心來去做最該做的事，或者是被那些看似急迫的事所矇蔽人們常會犯一種習慣性錯誤，那就是按照自認為的事情的「緩急程度」決定行事的優先次序，而不是首先衡量事情的「重要程度」。所謂「重要程度」，即指對實現目標的貢獻大小。對實現目標越有貢獻的事越是重要，它們越應獲得優先處理權；對實現目標越無意義的事情，越不重要，它們越應延後處理，甚至完全忽略不計。簡單地說，就是根據「我現在做的，是否使我更接近目標」這一原則來判斷事情的輕重緩急，決定誰是首當其衝被「處理」的。

▌事情的四個層次

1. 重要而且緊迫的事情

這類事情在你的工作或生活裡最重要且是當務之急，你的事業和目標的實現就靠這些事來左右，或者非常影響你的生活品質，總之它們值得優先去做的原因大於其他任何一件事情。你只有合理高效解決了這些事，才有可能順利地做別的工作。

2. 重要但不緊迫的事情

具有更多的自覺性、積極性、主動性是這種事情對我們的要求。某人處理這種事情的好壞足可看出其對事業目標和程式的判斷能力。其實生活中大多數真正重要的事情都未必緊急，比如鍛鍊身體、讀幾本有用的書、節制飲食、休閒娛樂、培養感情等。這些事情對我們重要嗎？我們的健康、事業還有家庭關係被它們實實在在地影響著。它們急迫到非做不可嗎？當然是不。因此這也是很多時候我們將這些事情無限期拖延下去的緣由所在。

3. 緊迫但不重要的事情

這樣的事情事實上隨時隨地都會出現。由於你明天安排去圖書館查詢數據，因此現在已經盥洗停機準備休息。電話卻響起，你被朋友邀請即刻去喝咖啡聊天。你怕朋友失望而沒有勇氣回絕，然後就去了。次日清晨你回到家頭昏腦脹，昏昏沉沉了一整天。別人的事情牽著你走了，而你就這樣沒有做成認為重要的事情，以致你在很長時間裡都比較被動或鬱悶。

4. 既不緊迫又不重要的事情

在我們的生活中這樣的事情出現頻率較高，它們的價值通常微小。比如飯後看電視，手握著遙控翻來翻去毫無目的地看著節目。後來發現接受這些電視資訊不如讀幾本書有意義，甚至不如在跑步機上跑跑步。類似這樣的芝麻綠豆事在普通人生活裡比比皆是，如果你的絕大多數人生都消耗在了這些事情上，甚至毫無節制地沉溺於此，我們大量寶貴的時間就會被浪費，那麼成功離你漸行漸遠也是可以理解的。

▌處理問題時：經常自問是否一直走在「以大局為重」的路上？

麥肯錫的一位前專案經理如此說過：「『以大局為重』是我在公司的那段時間裡學習到的最有價值的事。我們需要後退一步先搞清楚要解決的問題，然後對照手頭的工作看一看，『這真的是最重要的工作嗎？』做一番這樣的自問。」

在為客戶或者公司處理某個複雜的問題時，意味著你需要花費很多時間在上面，也意味著你可能因此迷失方向。真正的目標往往被眾多的目標所矇蔽。當自己已經徘徊不定的時候，就是確實需要停下來了，此時有幾個基本的問題需要自問一下：手頭做的事情是否服務於全域性（那些支持

你的基本假設的核心議題就是所謂的「大局」）？團隊是否被它引領著走向目標？你對問題的解決是賴於現在所做的工作嗎？它是怎樣將思考推進？手頭是否在做最重要的事？為何還要繼續對解決問題無意義的工作？

　　如果答案是否定的，那就代表著這些耗費了時間精力的事情並沒有你當初預想得那麼重要，它們似乎在使你離解決方案更進一步方面起不到什麼作用，這完全是浪費時間的作為，因為一天只有 24 小時，24 小時裡你只能完成幾件事，若是把時間耗費在雞肋一樣的事情上，那麼真正重要的事情就會被耽誤了。這就像是你的錢包只有這麼大，你是想用一元面值的硬幣裝滿它呢？還是用 100 元面值的紙幣裝滿它？對一天或一週的工作進行回顧後，若是你發現任何「最終產品」都未思索出來，收穫的只有手頭那些毫無價值的待解決的問題，會有什麼樣的感覺呢？那種感覺與你開啟鼓鼓的錢包後，發現裡面只有一堆一元的硬幣是一樣的令人感到沮喪。

善用前輩經驗，少做重複勞動

我們往往有這樣的認識：時間很充裕，完成任務並不難，我們可以在預想的時間內提前完成任務。而且，我們不僅這樣要求自己，也是這樣期望別人的。但現實中卻總是會發生不盡如人意的意外，正如著名的墨菲第二定律所言：「每件事情做起來所用的時間都比原來想像得要多。」最後，那些胸有成竹的時間預算都變成了不切實際，最危險的想法莫過於自我催眠地認為自己和別人都可以超越時間的束縛、跑在時間的前面了。

這種矛盾局面導致了你必須認識到時間很有限，如果你凡事都事必躬親的話，很可能難以完成任務。這就告誡我們，工作有時候要靠巧勁，找找省時省力的捷徑，而並非用盡蠻力、自作自受。現今社會是個數據飽和的世界，有限的個人時間和無限的知識正在激烈碰撞，因此明智的選擇便是依靠和利用團隊成員的知識、經驗和能力來共同完成專案，千萬不要狹隘地擔心別人搶走你的功勞。

對於大多數商業問題而言，其相同點都多於不同點。這也就是說廣泛的問題只需運用少數幾個問題的解決方法就可回答了。在你同事的腦子裡、書本上、組織裡可能就有這些方法。對他人的經驗盡量多學習，平時試著將職場中較有經驗的人找出來，併成為你學習的對象。

案例

PD（研究成果）網（麥肯錫公司完成了所有 PD 網的電子資料庫的工作。內部研究以及從前對客戶研究的成果都包含在內。公司出於保密的目的在將內容存入系統之前，把客戶的真名和部分數據隱去了。）是麥肯錫的一個電子資料庫，最近的專案和內部研究的報告都在這個資料庫裡。

諮詢顧問在麥肯錫工作得更聰明而非更辛苦的緣由就是還有許多其他資源的幫助。不錯的商業圖書館就包括在這些資源內，所有你感興趣的商業期刊和書籍都可從中找到；各大主要的商業資料庫與圖書館還有對接。

在圖書館裡，最重要的是有兢兢業業工作的資訊專家為諮詢顧問們提供資訊，他們會竭盡所能。由專業領域裡的專家組成了一支卓越的研究團隊也在麥肯錫裡坐鎮。

艾森·拉塞爾曾任麥肯錫公司諮詢顧問，在他還是個入職一年的顧問時，從網上搜尋那些對現在的專案有所啟發的事件是他在專案初期的工作之一。難以避免的是，在 PD 網搜尋到的結果可能是海量的檔案，但真正相關的檔案卻只是少數。這算是一個較為繁重的工作，但是不可或缺。

一家大型電腦硬體和軟體製造商的財務部門是艾森·拉塞爾所做第一個專案針對的客戶，客戶的期望是在國際市場上擴大份額。對海外分支機構的財務和管理、大型聯合企業怎樣管控、它們管理方法的利弊都有哪些等是客戶希望了解的事情。專案經理將這個專案指派給了艾森·拉塞爾。找到一些對客戶可能會有用的東西，並近距離了解世界上最大的四家大型聯合企業花了他三個星期的時間，但工作遠未結束。

所幸的是，麥肯錫另外一個團隊最近剛剛整理了他專案裡一家最複雜的目標企業 —— 戴姆勒·賓士的組織概況。他由此知道了研究戴姆勒·賓士的專家名字才是更為重要的事，以後可以請教他們所遇到的問題，充分利用這些前輩的經驗。艾森·拉塞爾因此省下了至少一個星期的時間，也有了更多時間去研究其他公司，團隊也能完成一份給客戶印象深刻的檔案了。

實施指南

　　我們應該到哪裡、找何人來善用他們的寶貴經驗呢？

行業裡的榜樣

　　俗話說「人外有人，天外有天」，這話也適用於商業領域。在行業裡表現最好的人是值得你去特別關注的，他的一舉一動、他的觀點做法都是學習的內容，如果你善於效仿，那麼定能在工作陷入瓶頸的時候，藉由他們的經驗來迅速地將自己帶離困境。

公司內部的前輩

　　在公司裡，擁有最佳經驗的人並不難找。你仔細觀察一下，某個人、某個團隊、某個部門的表現最好，他們就是最值得你去借鑑的。先找到他們如此優秀的原因，然後再想想怎樣才能將他們的經驗推廣到整個公司，這是非常聰明的做法。

　　當你遇到疑難問題時，在某個地方或許都有人已經研究過類似問題了。可能你的公司就有這個人，而解決你的問題說不定只需打個電話就可以了；他或許工作在其他部門，但都在同一公司，這時你要找到並認識他

們。然後依靠他們的經驗來繼續研究你的問題，找到解決問題的方案。這種做法會為你節省很多時間和精力。別人已將事情做好，為什麼還要把寶貴的時間浪費在重複勞動上呢？就像是停電之後，你應該去買蠟燭，而不是去做蠟燭。

　　或許你不能使用 PD 網，可當你工作於一家大公司時，例如培訓手冊、資料庫、檔案和同事等的「公司資料庫」或許能夠獲得。即使你是孤軍奮戰，能利用的資訊也呈現海量式，例如數據包、行業雜誌以及（近年來極為重要）網際網路。別小覷公司的圖書室，你只需用上幾個小時也會將大量的資訊和有價值的資源找到，有些內部數據只有這裡才有。

▍行業裡一切有價值的人

　　但是想要找到最佳經驗，圖書館絕對不是唯一的選擇。你要把創造性的思考展開來。假如掌握了最佳經驗的是你的競爭對手，當然他不會把祕訣告訴你。但你可以將交流範圍擴充套件到行業裡的其他人，例如商學院同學、華爾街分析師、顧客、供貨商等。因為即便處在不同的行業，你仍然可以獲得大多數公司的第一手的年報數據，並進行分析，以此獲得公司的「數據偏好」來為自己所用。

自圓自說？很可能大錯特錯

不可否認，我們有時會自認為付出有了回報，認為所花費的時間和精力換成了一個十分完美的初始假設。在那時，人會驕傲自負，即使自己的假設出現了問題，也不會承認錯誤的真實性。還有的人會將假設直接當作問題的答案，以此為目的進行策劃，把這個過程當作了認證自己假設正確性的過程。

這時，根據麥肯錫總結的經驗，你要了解到在現階段，每一個結論可以驗證什麼？要知道分析本身具有它的局限性，萬萬不可四處尋找數據去驗證你的假設，所有的假設都應該以真實數據為依據，不可以反過來驗證。

案例

在一次保險公司的重要專案中，專案負責人曾向專案團隊和客戶團隊的成員們擔保 —— 降低客戶利潤的關鍵點是阻斷「利潤漏出」，也就是說不可以不經過總體核算就支付客戶索賠。為此，負責人讓一名專業計算師找出過去三年中保險索賠的漏出率，很快，這位計算師完成了任務，但是結果表明，最近三年的「漏出」比想像中少很多，甚至不值得一提。

可是負責人並沒有接受這個結果，更沒有想到要去修改自己的假設，他反覆地找人核對各方面的「漏出」。事實證明，無論是在汽車保險還是商業保險，都找不到負責人預期的「利潤漏出」。

　　得知結果後，專案負責人憂心忡忡，因為他從來沒有想到自己的假設會出現失誤，這時候，一位客戶團隊的成員對他說：「怎麼了？難道沒有找到預計的『利潤漏出』嗎？」

實施指南

　　透過幾日甚至幾週的討論，你和你的團隊終於設立了一個非常滿意的假設，那時你會認為眼前的假設是完美的，是如此的精彩絕倫、新穎獨特，但值得注意的是，不要因此而驕傲，而是在驗證假設的真實度時，要特別的小心和謹慎。

　　每驗證一條資訊，你都必須做好十足的準備，因為很有可能事實證明，你們的假設是錯誤的。值得一提的是，曾有人批評經濟學家約翰・梅納德・凱因斯與自己早期的言論相違，當時他是這麼應對的：「很簡單，當事實改變時，我只好改變假設，你說對嗎？」由此可見，當眼前的事實與起初的假設相違背時，最好的方式就是修改你的初始假設，而不是想方設法地自圓其說，更萬萬不可做出隱瞞事實真相來換取「我是正確」的行為。無論在何時，你的思維要保持開放性與靈活性，不要讓那些自我感覺良好的初始假設成為自己的絆腳石，也不要因此讓自己的思維受限，徹底打亂方案的實行方針，這一點尤為重要。

　　那麼，如何才能避免此種情況出現呢？麥肯錫告訴我們——在出現情況時，可以暫時放下手頭的一切，讓自己的情緒冷靜下來，問問自己在過去的那段時間裡，你都有什麼新的收穫？這些資訊是否對你的初始資訊有益？從而幫助自己走出可能令人深陷的自負失誤。

無計可施時，別為難自己

往往在我們解決問題的道路上都會布滿了荊棘：有時候，用來證明假設的數據要麼糟糕透頂，要麼已經丟失；有時候，企業中的管理層和上下級之間有利益分歧，導致有些人願意積極地配合你，而有些人則或冷淡或阻撓；有時候，通常企業對自己存在的問題意識到時已經太晚，當其他的諮詢公司或麥肯錫提出來問題解決方案時，企業命運已經注定，方案沒有可行性了。

如果你遇到了這兩種情況中的任意一種時，依舊想著如何重新收集那些並沒有實際意義的數據或使盡渾身解數來讓某個企業起死回生，那麼努力了一番的最後的結果往往是：你碰壁了。所以，當你從一開始就發現想要找到出路難之又難，小組裡的其他成員也是同樣的感受之時，那麼就別再執迷不悟了，繼續下去沒有任何好處。這是麥肯錫的經驗之談，若是麥肯錫將所有的時間、人力、物力都花費在拯救那些完全不合作或必死無疑的企業上，那麼麥肯錫說不定也是同樣的結局。

案例

艾森·拉塞爾是《麥肯錫意識》的作者，他與他在麥肯錫的非正式導師裡一同參加了一項激動人心且有趣的研究。一家對重組投資管理業務忙碌不停的大型金融機構是他們的客戶，而數十億美元的資產、數以千計的

員工是它面臨的巨大挑戰。對這個業務進行處理的麥肯錫團隊裡，不僅有他最喜歡的專案經理，並且還有他的導師，而對付這個富有挑戰性且有趣的專案，這個團隊簡直就是個絕妙良方。

原本這個良方應該是成功的，但結果卻是未能盡如人意。阻礙他們工作的是客戶高階管理層的小派系。他們對我們要求提供的數據，要麼根本就沒有，要麼提供的數據無法使用，要麼遲遲不提供。我們和他們約見的員工也無法交談，因為對方是拒絕的態度。只顧趕做自己工作日程的客戶團隊成員，甚至將早日達成解決方案作為犧牲的代價。我們在做這個專案的幾個月裡過得極其鬱悶。最後，我們竭盡所能將建議提出以「宣告勝利」，然後撤退走人。

實施指南

當遇到類似這樣的棘手問題時，其實也不用馬上就灰心喪氣、撒手不管，你可以先做出這三項努力：

1. 重新定義問題

你可以告訴客戶，X 不是他們的問題，而 Y 才是。如果你了解到對 Y 問題的解決會為客戶帶來的附加價值很多，而得不償失的是糾纏於 X 問題，更要如此做了。你越早覺察到這一點，併作出行動，越能展現出你具有強大的商業判斷力；反之，若你在幾週後才認識到這個問題，提出改進意見，那麼很可能會給別人留下逃避問題風險的印象並面臨指責。如果設定的問題錯了，那麼你想出的偉大解決方案有時候在任何公司都是無法實施的。

2. 等待有利時機，尤其是來自客戶方面的

重新定義問題之後，必然要對實施的方案進行調整。其實把一個理想化的方案作為設計目標並不難，難的是你是否有效利用了現有資源、並且根據後續的情況變化做出及時的、恰當的調整。當你覺得無計可施的原因是來自客戶方面（比如某些人的阻礙）時，不妨先來考慮一下客戶現有的人力資源，別為不能馬上實施你的解決方案而擔心，說不定幾天之後，能夠令你的計畫變成現實的人就會作為新成員出現在客戶的公司，或是令你的計畫變成無法實現的那些人會離開客戶的公司，那時候你就可以逐步「調整」實施的方式，以便達到最好的預期結果。

3. 在政治難關上尋求突破

很多時候，解決企業問題的最大阻礙來自於政治，這裡的政治不是國家和世界的政治，而是企業中的政治。企業也是一個小世界，既有經濟，也有文化，更有政治。企業政治可能阻礙你的工作，也可能會對你的工作造成積極的推動作用。想要利用好企業政治的積極作用，就必須認識到企業裡都是實實在在的人，麥肯錫的專案組來到客戶身邊時，儘管你所看到的公司組織圖上的人名都是小方框，你移動某個小方框的簡單行為卻可能會給某個人帶來巨大的人生改變，其中既有好的改變，也有壞的改變。

客戶中的一部分人會歡迎我們如同白衣騎士一樣為他們挽回局面，為其帶來變革；而其他人看待外部公司人員就像一支入侵的部隊，他們會視自己在公司的權力大小選擇逃跑或者對這支部隊進行驅逐。一位前麥肯錫校友這樣講道：「客戶的公司裡至少會有一個部門牴觸我們，不希望我們為問題提出真實的答案，沒有這種情況的專案真是太少了。」

在多數情況下，當麥肯錫專案組引入高層管理人員時，公司員工會與他們欣然合作，為麥肯錫帶來高效率。你遇到反對勢力，通常就表示你的解決方案對公司的某個人具有負面意義。極少數的不滿分子可能會抱怨甚至找麻煩，但最終他們都會被說服或者選擇迴避。但有時候，當一個強勢派系利用外部公司人員與另外一個強勢派系作鬥爭時，就會起爭端。

不過，即使是政治問題也是可以解決的。商業領域的大多數人都是理性的，至少在自己經營生意時是這樣。要攻克政治上的難關，就必須考慮你的解決方案如何影響公司裡的各個利益方，必須讓他們對公司的變化達成共識，這個共識要考慮他們的動機以及推進政治的組織因素。建立共識可能需要你改變解決方案，使它變得可以接受。行動吧，記住，政治是可能性的藝術，如果客戶拒絕接受，設計一個理想的方案又有什麼用。

若在進行完這兩項「拯救」工作之後，專案依然停滯不前甚至更加看不到希望了，那麼就不要為難自己了，因為你並不僅僅是一個人，而同時是一項資源，被無用的事情占用，便會失去在有用事物上發揮價值的機會。有時候，明智地放棄問題，也是解決問題的一種合理方法。

有備而來，會議前的準備工作

麥肯錫依靠腦力激盪來提出和檢驗初始假設。儘管「腦力激盪」這個詞有時候會給予人「空談、吹牛、天馬行空、不著邊際」的印象，但麥肯錫式的腦力激盪絕不是看似豐盛而營養價值低的速食，也不是食之無味，棄之可惜的雞肋，它是有效的、有價值的腦力激盪，是需要團隊所有成員參加會議前都有備而來、事先做很多腳踏實地的工作、對研究的問題有所了解的腦力激盪。

實施指南

不管你是團隊領導、還是普通成員，在麥肯錫，每一次腦力激盪前的會議準備都是有章可循的。

確定會議是否必要

首先，開會是必需的嗎？還有其他更節省時間、更有效的方式來解決這個問題嗎？

確定會議的目的

如果會議是必要的，那你期望這個會議達成怎樣的結果？做出怎樣的決定？取得怎樣的行動方案？

準備會議議題

會議的主旨就是商討議題，而議題就是需要大家共同討論的核心內容。因此，這個核心內容一定要提前明確，並確保其科學合理、有針對性。如此，會議的目的才能達到。如果沒有明確議題，就會出現開會時的場面混亂和會後大家都沒有收穫，面對上司質問而啞口無言的尷尬場面。

會議議題如何有效確定？一種方式，是由團隊領導提出來；另一種方式，是在徵求了團隊大多數成員的意見之後，將會議議題按輕重緩急的方式排列出來，擬成一份「近期會議安排議題」的書面材料，報送相關負責人審定之後，再納入正式的會議計劃。一般情況下，這份書面材料所包含的議題按照順序逐條排列即可。另外，建議重大議題以一會一題為宜，一次會議的議題不應過多，如果議題過多，會議會進行得太過分散，從而難以達成有效共識；安排議題時，與會人員的心理預期也要充分考慮，最好是先進行最重要、最複雜的議題，同時，控制每個議題的商議時間。這樣做的原因是，人們往往對最先接觸的事物產生較大的新鮮感，而越往後接觸到的事物新鮮感就會越低。

收集所有與會議所議專案有關的資訊

收集相關資訊，若這些資訊太長、太多，將其要點摘錄出來，而且自己要提前進行一番腦力激盪，這期間不是讓你提出一個切實的初始假設，而是要形成一個專案解決方案框架下的初始假設集，把任何可能性的東西都放在腦袋裡；然後就可以帶著準備好的「新鮮食材和美味食譜」去奔赴「廚師大會」了，如此便可給團隊更多時間在更合理的假設上，而不是讓大家把時間花費在臨陣磨槍般分析原始數據之上。

▌根據要討論的問題限定與會人員

與會人員的範圍應盡量合理。根據會議議題、需要達成的任務、會議性質等的不同，參會人員的範圍、資格、條件等也會有相應的變化。

人員的選擇可以從以下幾方面考慮：與會者在會議中心議題方面是否具備相應的知識與經驗；能否幫助議題進行深化；與會議想要達成的目標有無直接或主要的關係；是否有權利或能力幫助達成一項會議決議；能否全身心投入會議；是否會因為某些特殊原因對其他與會者造成心理壓力，影響其他人的發言，從而妨礙會議的總體成效；與會後的延續行動是否有直接關聯；是否可有可無等等。

一般情況下，普通的團隊會議以 8 ～ 12 人參加為宜，人數太少不利於資訊交流、思維碰撞；人數太多則每個人的參與意識會降低，發言機會也會相對減少，從而影響會場氣氛。如果參會人數超過 20 人，應盡量設立分組或分會場討論。

▌保證團隊裡的每個人都了解你知道的事

假使每個團隊成員都能從各自的角度提出深度思考後的初始假設，團隊討論就能進行得更充分。對於負責人來說，這才是非常有益的腦力激盪。

因此，作為團隊負責人的你，需要確保團隊裡的每個成員都能在會前了解你所掌握的基礎數據。你可以把你之前蒐集的關鍵數據和關鍵數據放在一個專門的摘要檔案裡，麥肯錫人稱為「基礎數據檔案」，並在你的團隊成員間進行傳閱和分享。這樣才能確保所有團隊成員的思考和假設都在這個「基礎數據檔案」的基礎上展開。

　　基礎數據檔案並不難做。它不需要詳細的內容，只需要把重要問題羅列下來，表述清楚就可以。若團隊成員都認真閱讀了這個基礎數據檔案，在生成各自不同的觀點之前，起碼你們都確保具有一個共同的事實基礎。

▌選擇開會時間和場所

　　會議時間的確定要力求科學，保證主要與會人員都能按時參與，避免因時間設定不合理而耗時耗財。確定會期建議步驟如下：事先做一個調查，找出全體與會者都能方便參與的時間段；選擇與會者當中關鍵人物最佳的參會時間段，以保證這些關鍵人物能集中精力開好會議；避開企業重要的經營活動時間，以確保會議能有一個安靜的、不被中斷的時間。

　　會議場所的確定是另一項重要準備工作，在充分考慮與會人數的基礎上，適當留有餘地。確定會議場所有以下參考原則：空間必須足夠大，每個與會者擁有 2 平方公尺空間為宜；會場設施確保齊全，比如桌椅、照明、音響、通風、網路、通訊、安全等均應考慮；另外，會場的格局方面，圓環形的座椅排列方式比教室式的環境更適宜。

會議筆記，好記性不如爛筆頭

參會時需要記筆記聽上去是有點枯燥和乏味。但是，在腦力激盪式會議上記筆記是一項非常重要且考驗個人能力的事情。筆記品質的好壞，甚至能直接影響到一個專案是否有效執行以及團隊成員的資訊是否同步，後者針對不在場的團隊成員尤其重要。

一般情況下，常規會議都會有專門的人進行會議紀錄。但是腦力激盪式會議不同。當各種觀點像浮游生物一樣在會議室中漫天飛舞又瞬間消失時，會議紀錄會變得異常困難。因此，你必須得自己做會議紀錄，確保自己能在會議結束時起碼將會議的討論結果完整寫在了紙上；把會議中迸發出來的思想閃光點以簡明扼要、自己能看懂的方式寫在紙上，確保這場會議的有效成果被最大限度地記錄下來。否則，當腦力激盪結束後，疲憊的你靠在椅背上時，會發現會議中的某些閃光點已經離你而去了。

實施指南

常規會議和腦力激盪式會議都需要做會議紀錄，且記錄需要一定的格式。特別是後者，藉助下文中的記錄方式可輕鬆將會議中碰撞出來的閃光點有效記錄下來，方便日後查閱。

▍常規會議紀錄格式（如果你是記錄員）

常規會議的記錄格式一般包括兩部分：

一部分是會議基本資訊，主要指組織情況。包括會議名稱、時間、地點、與會人數、缺席人數、正式到場人數、主持人、會議紀錄人等。

另一部分是會議內容，這是會議紀錄的核心部分。包括會議的發言人及主要發言內容，或者會議的決議、討論成果等。發言內容有兩種記錄方式，一種是詳細記錄，以發言人原話的方式將發言內容記錄下來，這種方式主要應用於比較重要的會議、重要的發言；另一種是摘要記錄，只需將發言要點記錄下來即可，多用於一般性會議。

▍腦力激盪會議紀錄格式（如果你是普通與會者）

在麥肯錫，腦力激盪式會議紀錄的格式一般有以下五個要素：是否有問題？問題在哪裡？為什麼會存在？我們能做什麼？應該怎麼做？

若與會者討論速度很快、內容很雜，你的速記能力已完全跟不上，那我推薦你使用康乃爾筆記法。這個起源於美國康乃爾大學的記錄方法是將筆記本的一頁紙抽成三個板塊 —— 筆記記錄、關鍵詞、概要，目的是為了讓學生更有效地聽課和複習。學生們上課時只需在「筆記記錄」一欄內書寫；複習時，將重點內容記錄在「關鍵詞」這一欄裡；上課內容的重要問題則記錄在「概要」一欄裡。這個做筆記的方法不僅能在上課時派上用場，在過後的複習中也助益良多。

這個方法可以很好地應用在腦力激盪式的會議紀錄上。為了更容易抓住實時會議的要點和方便日後查閱，我們也分了三個欄目：會議內容記錄、日後要查閱的事項、本頁要點。

會議內容記錄
逐條記錄會議內容

日後要查閱的事項
疑問點、關鍵詞、點子等

②

①

本頁要點
換頁時，整理出要點

③

用康乃爾筆記法作會議紀錄

　　右邊的大面積空白處用來做會議內容記錄。具體的記錄方式，逐條羅列、歸納總結都行，按自己喜歡的方式進行就可以。

　　左邊的窄欄用來記錄會議中存疑的事項。比如會議中的疑問點、關鍵詞，需要在會議結束後再花時間進行查閱的事項，可以當場記錄在這一欄中；會議中提出的重要點子、可以在會後進行有效運用的事項也記錄在此。

　　需要翻頁時，將本頁的要點記錄在筆記本下方的空白處。日後翻閱時，只需要檢視最後這一欄，就能記起當時的具體情形。

▌白板記錄 → 翻頁掛圖 → 會議「筆記」

　　儘管每個會議室都會有一個可以擦乾淨的白板和一支記號筆，但是麥肯錫的白板是可以直接將內容傳遞並列印到紙上的。這種高科技裝置可確保麥肯錫人在凌晨兩點的腦力激盪後畫在白板上的重要圖表不被遺忘。

　　藉助手機拍照功能，你也可以把這個高科技奇蹟輕鬆複製。在會議結束時，找個人把白板上的文字或圖片拍張照片，之後列印出來，散發給團隊成員。當然，拍照之前，為了書寫更整潔、美觀，可以將白板上的無關內容先擦乾淨。

第三章
客戶與我，食客與廚師

在職場之中，你面對的不僅是同事、上司、具體的工作，別忘了，還有你的衣食父母 —— 客戶，沒有客戶的企業只是沒有血肉能量的空殼子，注定死路一條。客戶就好比食客，你就是廚師，能否做出令食客滿意的菜餚來，是檢驗廚師技藝的唯一辦法。

特別提醒您：客戶是企業的生命線，更是你的力量源頭，務必維護好與客戶的關係。

時刻將客戶的利益置於首位

不難在麥肯錫的客戶數據中發現 —— 你所處的環境直接關係到你的客戶圈子。在你的身邊到處都存在著潛在的客戶，比如顧客、商家，甚至執行長和股東等都可能成為你的客戶之一。將客戶放在首位，這是在事業上取得成功的重要原則，這也是麥肯錫諮詢顧問公司的核心。

案例

「我景仰的人對我的忠告。」這是艾森豪威爾在 1967 年給麥肯錫創始人之一的馬文·鮑爾此前對他的領導力給出的建議進行的評價。

艾森豪威爾在信中寫道，馬文曾對他這樣說：「在公司裡，應該將重點放在你的工作中，而不是放在你自己身上。」這種方式可以讓自己更加直接地意識到自身存在的優點和缺點，並且可直觀地判斷出哪些是客戶最為需求的事情。打個比方，如果眼前的客戶十分敏感，總是逃避現實，或是某位客戶性格高傲，目中無人，那麼馬文就會將這兩位客人推薦給更為合適的人選，比如他會讓他的合作夥伴艾弗裡特·史密斯或者卡爾·霍夫曼來接待這些客戶。此外，馬文不會向任何一位客戶隱瞞實情，因為隱瞞實情是不尊重客戶的一種表現，並且這也不符合客戶的利益。哈維·戈盧布是退休的美國運通董事長，在 1966 —— 1973 年和 1977 —— 1983 年期間，他兩度到麥肯錫工作。他曾回顧起在麥肯錫的工作經歷，並表示說令他印象最深的一句話為：「必須竭盡全力為客戶提供最好的服務。」

伊麗莎白‧哈斯‧埃德莎姆是《麥肯錫傳奇》的作者，她曾說過這樣一件事：

有一天中午，我和部門領導人榮‧丹尼爾一造成餐廳吃午餐。用餐的間隙，我問他了一問題：「榮，說說看，我怎麼樣才能在公司裡吃得開？」他知道，我的意思是說，如何可以更容易完成自己的工作。

榮‧丹尼爾想了想回答說：「用心為每位客戶提供最好的服務。」

我說：「算了，說些實質性的，到底怎麼做才能在工作中做得更好？」

只聽他很鄭重地說了一番話：「如果你總想著其他的事情，那你就沒有辦法在工作中獲得成就。」他沒有跟我解釋如何才能給客戶提供最好的服務，也沒有告訴為什麼想著其他的事情就不會取得工作上的成功，但是我相信他說得是正確的，因為他的這些話一定是跟馬文、吉爾‧克里或是他早期的合夥人那裡學到的。我知道，如果執行長在離職後依然具有無懈可擊的影響力，那是很驚人的一件事情。

實施指南

用心為每位客戶提供最優質的服務，竭盡全力滿足客戶的需求，並最高程度保障客戶的利益。

▌不向客戶隱瞞實情

在新員工入職的初期，公司都會統一向他們灌輸關於職業操守的概念。其中，「誠信」是職業操守中的一個重要方面。無論是對待客戶團隊成員、公司團隊成員甚至你自己都要有所誠信。對於公司以及個人而言，在你毫無思路時勇於坦白自己的處境，比你一意孤行、虛張聲勢要付出的代價小得多。

不要過多干預客戶的內部事務

馬文為公司制定的其中一條戒律為：「切勿過多干涉客戶的內部事務，要在諮詢的時候保持工作的獨立性。」這條戒律被公司奉為至理名言，最終成為諮詢業占主導地位的第一行業規範。

保護客戶資訊，管住自己的嘴

保密的重要性是麥肯錫在企業文化中反覆強調的原則之一。麥肯錫諮詢顧問公司必須遵循這一點 —— 在任何情況下，對客戶的一切資訊進行嚴格的保密，除非客戶自己向他人透露與麥肯錫的合作事宜。對所有有關於客戶的資訊進行保密，此外，也要對於任何表達過的敏感性意見進行保密。若你不能做到這一點，那麼就不會成為一個合格的諮詢顧問。

不可以將任何令競爭對手或是記者感興趣的檔案帶到公共場所中辦公。如果你認為這並不重要，那就大錯特錯了。試想一下，如果你在飛機上開啟檔案，而坐在你旁邊的正是你的競爭對或是記者，他們看到了檔案的內容後將會採取什麼舉動呢？如果不小心將重要的檔案洩露給了公司其他專案的成員，甚至是你的領導，那麼後果可想而知。所以，在任何的公共場合，請不要將重要檔案或是客戶的數據從你的公事包中拿出來，因為我們永遠不會知道，在我們身邊的人究竟是什麼身分，是競爭對手？還是媒體記者？或者會是公司中素未謀面的某個人。

此外，確保在辦公室之外，不要提起客戶的姓名，即使在公司內部也要謹言慎行。因為，麥肯錫時常在同一時間為同一產業的不同客戶進行專案的營運，所以當與團隊之外的員工進行工作上的交流時，要注意與同事之間的保密。

需要注意，當你的工作涉及了敏感的內容，一定要注重以下幾點預防措施：

1. 絕不將重要的數據隨處亂放；
2. 在需要離開時鎖住辦公桌的櫃子和檔案櫃；
3. 接聽電話、傳送郵件或傳真時留心注意周圍的環境。

這些細節稍有不慎，很有可能會讓不法分子得到他們需要的數據。同時，為特定的客戶成立服務專案的小組，在兩年之內不可為此客戶的競爭對手提供任何幫助和服務。

謹言慎行，別輕易向客戶許諾

「一旦承諾，必須履行」這是美國前總統喬治·布希認定的原則之一。透過多年的工作與管理經驗，麥肯錫已充分了解並認識到了履行承諾的重要性。並且他認為，承諾的合理性是能否更容易履行承諾的條件之一。要知道在不同的環境下，面對不同身分的人應該在什麼時候說什麼，在什麼時候應該沉默相待。對於這一個方面，謹慎一點未嘗不是一件好事。

實施指南

在界定專案時，切記不能對客戶無底線地承諾任何事情。

道理很簡單，當不理智的承諾無法兌現時，相關的任何業務都無法開展。很多客戶帶著需求找到麥肯錫時，他們迫切地希望那些棘手的問題可以一瞬間就免費解決了，好在大多數的客戶知道這樣的想法有些異想天開。值得一提的是，當對一個專案開始進行規劃時，專案經理或者規劃專案內的任何管理人員，既要讓他們考慮到客戶需求，又要讓他們配合專案團隊的專案策劃，而優秀的專案經理往往可將兩者平衡化，達到最好的狀態。

值得一提的是，有些專案經理很喜歡對客戶誇大其詞，承諾很多的事情，讓整個團隊都背負著巨大的壓力。對此，任何團隊都不願和這種專案經理一起共事，因為他太過於追求成果，模糊了成功的概念和意義，這種做法只會讓整個團隊陷於水深火熱之中。

　　所以，在客戶要求和團隊能力之間權衡的慎重性會造成至關重要的作用。在策劃專案時，不論是資深的諮詢顧問還是部門的一個小員工，都要結合自己的能力做出最準確的判斷，堅決不能為了一時的志氣開口說出那句「沒問題！包在我身上！」這類的承諾，如達不到預想的結果，只會自討苦吃。

　　在專案開始之前，要對專案的風險性做一個整體的評估。並問問自己，你可以和你的團隊一起並肩作戰，在規定時間內完成這個挑戰嗎？若答案是肯定的，那麼你一定可以出色地完成任務，並且達到客戶的要求；若答案是不能，那麼不要盲目地接下這個專案。要懂得為自己爭取更多的時間，同時多和老闆進行溝通，盡可能地把困難的問題分解成幾個簡單的小問題，然後要弄清楚如何解決這幾個小問題。

　　為此，可以多聽取一些建議，設定新的實施計劃和方案。最後，準確地計算出自己所需要的資源，並向老闆進行簡報，爭取得到這些資源。只要做好這些工作，當專案進行時，就可以省去很多不必要的麻煩和困擾。當然，如果客戶的需求過多，可以選擇先進行整體專案，之後再開展新的後續專案。

統一戰線，讓客戶團隊站到你這邊

在與客戶團隊達成合作協定時，首先要做的就是讓客戶團隊的每一名成員接受你，確保隨時隨地他們都可以幫助到你，並可以從客戶公司中取得最多的協助，這一點將直接關係到專案的成敗。

案例

艾森・拉塞爾曾為一家公司做重組專案，整個專案組是和客戶公司的IT 部門組成的團隊合作。在客戶團隊裡，一位電腦程式設計師很特立獨行，他的名字叫做莫蒂。莫蒂身材矮小，戴著黑框眼鏡，總是穿著比他的身材大一號的灰色西裝。莫蒂很排斥參與這次的團隊合作，因為他還有很多更加「重要」的工作沒有完成。

為此，艾森・拉塞爾特地帶著莫蒂一起做了幾次訪談。由此，莫蒂接觸到了公司裡很多有影響的人物，他所見到的經紀人、銀行家等人物都是公司裡第一線的資深人物。透過與他們的交流，莫蒂了解到每個部門的不同之處和每個部門應該承擔的職責，他學會了如何正確地運用自己所掌握的技能，更容易處理工作，恰恰這些細節是他平時在工作中忽略掉的。後來，每當開會時莫蒂也變得積極起來，他變得自信和健談了。他認為，和麥肯錫在一起工作，讓他大開眼界，並且感到身心愉悅。

《麥肯錫工具》的作者保羅・弗裡嘉也遇到了相似的情況，他這樣回憶：

在我擔任經理後，我曾參與過重新評估歐洲某家大型金融公司的企業銀行業務部的產品組合和市場準入方式的專案。在討論中，整個專案充滿了大量的提議，所以專案的程式顯得異常艱難。此外，此專案客戶的特殊性對專案的管理也產生了巨大的考驗。

雖然如此，但我知道想要取得部門負責人的配合併不難，畢竟是他先找到我們尋求幫助的，可是，想要贏得負責人手下那些關鍵職員的信賴就不是一件輕鬆的事情了，如果他們對於整個專案有爭議，他們完全可以有意地打亂整個專案的程式。

在這些人中，不乏公司的領導層人物和一些有影響的銷售人員，所以，想要預先知道他們每一個人的想法並不容易，我們無法預料到他們中的一部分人會做出什麼事情。為了避免一些不必要的麻煩，我特地花費了大量的時間和精力去與他們溝通、會談，確保了解他們每一個人的背景和想法，以及想法形成基本原因。在進行專案的過程中，我會隨時向他們交流專案進展的近況，盡最大的可能讓每一個人和我的想法達成一致。在每個階段的簡報會上，我們也會和他們進行單獨的溝通和交流，這樣可消除所有的隱患，確保專案能順利進行。對於節省消除麻煩的時間而言，在專案中獲得對方的信任和認可，並避免無法預料的爭論，這是唯一可行的方案。

實施指南

事實證明，無論任何一家企業緊急成立專題解決小組或直接找諮詢顧問，這種行跡都可以表明該企業隨時會有重大的策略調整或變動。當然，沒有任何一家公司的主管會貿然地選擇變動，所以，解決小組在短時間內策劃出令負責人滿意的可行方案就尤為重要了。

當期限臨近時，你沒有拿出完整的策劃方案，而是還在夜以繼日地制定更有說服力的實例或是論理來完善你的策劃，若在那時你依舊未能獲得對方的認同和信任，那麼在下一次的階段簡報會上，即使你把策劃說得天花亂墜，但沒有實質性的具體方案，那麼也極有可能面臨失敗的結果。

讓客戶小組支持你

透過麥肯錫的經驗，我們得知了如何讓客戶的團隊認同並配合自己團隊的關鍵 —— 把我們的變成他們的目標。

用最短的時間將專案期望達成的專案效果與客戶建立共識。在專案進行中，時常與客戶公司的主管部門展開會議，主要針對於專案的進展、研討議案的性質和重要性、其他可行的方案，以及預計的時間等重要細節，要想方設法建立客戶團隊的每一個層次對這些議題的共識度。

要明確地讓客戶團隊的成員們知道，他們的努力對於雙方都是有百利而無一害的，他們的付出也會對你造成非常關鍵的作用。要讓客戶的團隊清楚地意識到，假設交給他們的任務沒有完成，那麼麥肯錫的任務也將無法完成；反之，假設交給他們的任務可以圓滿完成，那麼麥肯錫的任務也會圓滿完成。

再者，讓客戶團隊的成員們感受到，與麥肯錫共同工作是一次很難得並且很愉悅的經歷。可以讓他們學到一些在其他環境下無法學到的知識，恰恰這些對於他們今後的工作而言，是大有裨益的。不僅如此，他們所學到的東西還有可能對自己所在的公司產生很大影響甚至實質性的變革，這些都是他們在工作生涯中很難遇到的。

收服整個組織

　　如果你設計的解決方案對客戶而言具有持續性的效益，那麼首先你要想的就是如何得到組織裡各個層次的支持和信賴。只有將自己的想法推銷給各個層次的管理者和關鍵人物，讓他們贊成你設計的方案，才能在最終的推行中很容易地取勝並獲得配合。

如何應付客戶小組中的不適任成員

　　毋庸置疑，每位客戶小組的組員都不會有著相同的能力或追求同樣的目標。對此，可以採取迂迴戰術。因為你的專案組成員和客戶團隊成員並沒有經歷過同樣的事情，所以可以去創造同樣的事情，比如多開展一些社交活動，一起聚餐，在一起打打棒球或是羽毛球，這樣既可以放鬆精神，也可以增進彼此間的熟悉感，有助於培養雙方在工作中的默契。

你中有我，我中有你

很少有人會對「讓客戶參與專案中」這個提議有所異議，大部分人認為，這樣做將會嚴重影響整個專案的進度和品質。但不可否認，對此提議表達異議的人大多都過於看重短期的利益。

其實，麥肯錫的每一個專案都鼓勵客戶可主動地參與進來。在專案進行的過程中，並不是注重如何完美地解決問題，而是注重如何與客戶進行交流、溝通，最終和客戶一起解決問題，贏得勝利。與客戶不斷地溝通，共同探討解決問題的方案，這是一種互動的方式，而不是將自己關在辦公室裡，獨自鑽研解決問題的方案。

在專案進行中，首先要避免發生「無效率」的情況，不要把客戶「晾」在一邊，要懂得讓客戶發揮更關鍵的作用。總的來說，與客戶的合作是保證專案工作品質的最好方式。其中，除了麥肯錫解決問題的技能和知識會造成關鍵性作用之外，客戶的業務知識也會起實質性的作用。所以，有必要讓客戶公司的領導層參與到專案的每一個環節，在恰當的時機，也可以要求客戶中的人員幫助完成專案的某一項研究。

這樣做能帶來五點益處：

1. 在降低費用的同時，大大提高諮詢人員的工作效率，尤其是針對初期專案收集並整理事實數據的階段。
2. 協助領導者持久並實質性地改善組織績效。
3. 對於員工而言，這種方式可以使得他們擁有更加積極樂觀的工作環境，並且給予他們成長和進步的機會。

4. 可加深對客戶公司的了解和客戶公司文化的了解。以後與客戶交流方案時，可以自然地融入客戶公司的實際發展，從而得到對方的肯定和支持，讓客戶更積極地配合所提出的建議方案。

5. 更有效地向客戶公司傳授現代管理技能。

案例

一位富有創意的麥肯錫校友開發了一個回饋協調系統，用以促進團隊和客戶的深層次溝通，他對整個過程是這樣回憶和評價的：

「提高團隊工作效率的電子回饋系統是我最重要的工作：

「同事間互相提出和接受建議或是回饋，這是麥肯錫的諮詢顧問都接受過的課程培訓，但我注意到，客戶似乎對這種直觀的回饋往往不會愉快地接受。為此，針對未曾與麥肯錫有過合作關係的客戶，我們有必要尋找到其他有效的方式來進行回饋。這就是我的工作 —— 開發一種能解決這個問題的方法論。對於亞洲以及其他地區不善於演講的客戶群而言，這個方法論尤其受到關注。

「妥善處理專案團隊中的交流方式和評價要素，這是實行該方法論的第一個可行步驟，其主要目的是讓客戶參與到團隊的交流與討論中。其次，用匿名的方式 —— 透過網路平臺來收集回饋。為此，麥肯錫團隊製作了專門的回饋電子表格，詢問一些常規的問題，分別傳送給了客戶的團隊成員。實施後發現，這是一個不錯的方法，匿名的方式不會讓客戶的想法受到限制，可以更真實地得到回饋的結果。最後，將所有的回饋整理並統計。

「網路平臺匿名的客戶回饋一週進行一次，每次整理後，麥肯錫的專案經理都會開會分析回饋結果，並建立新一輪的統計數據。這種方法幫助公司發現一些深層次的問題，這些問題會激勵員工積極並且迅速地解決問

題，並且也有助於個人以及整個團隊的發展和進步。

「隨後，很重要的一步就是將整理的結果提供給客戶公司團隊的經理或負責人。值得注意的是，來自麥肯錫公司的客戶或者高管不需要參與這一個環節，因為他們的出現會導致其他人說一些違心的言論。緊接著，報告結果會在麥肯錫和客戶公司團隊內進行傳閱。通常，此環節都會在會議前一天下午進行，待到會議進行時，先慶祝一下最近取得的成績，然後再專門處理報告中暴露出來的問題，並討論出解決方法。

「回饋專案的實施效果顯而易見，不僅讓專案團隊的效率有了明顯的提高，而且增加了與客戶之間的溝通。不得不說，這種方式確實占據了很多的工作時間。在首次舉行會議時，我就察覺到大部分的人都選擇沉默，只有極少數的人願意分享自己的觀點，但是過了一段時間，當客戶意識到麥肯錫回饋會議的效果後，也開始嘗試著分享自己的觀點。會議繼續進行了三週後，客戶公司的團隊成員可以完全開啟心扉，並且十分期待每一次的會議。

「雖然會議舉行得很順利，但難免有些專案組會遇到一些棘手的問題和困難，這就成為一種隱患。有時，這種負面的回饋會使得積極的會議變成一場批評隊友的批鬥會，在這種情況下，主持人和專案負責人必須站出來強行干涉。可以理解，在有負面情緒的情況下，很多客戶是排斥這種回饋會議的，因為探討問題時雖然可以暢所欲言，但也要尊重每一個人，畢竟想要提供建設性的回饋，最重要的還是不斷地學習和實踐經驗的累積。」

實施指南

在規定時間內高品質地完成工作只是專案的一部分，在過程中，讓客戶參與進來也是至關重要的任務之一。事實證明，提出可行的建議和能夠實際地解決問題，這是一名優秀的管理諮詢顧問應當具備的基本標準。可

是，這只是「多邊形」的一角，富有智慧的諮詢顧問應該懂得如何從客戶那裡得到想要的幫助。所以，如果你的客戶團隊裡全部是那些高層管理人員的話，不妨將該公司不同層次的成員代表納入到客戶團隊中。

▍為客戶創造參與機會

建立客戶團隊僅僅只是個開始，下面才是最重要的步驟 —— 讓客戶參與進來。為此，必須專門制定一項客戶計劃：把你認為重要的客戶列入考慮範圍之內。思考以下這個問題：客戶在專案進行中可以參與多少？開動腦筋，思考如何才能讓對方參與進來，他們分別適合在哪一個方面發揮作用或是提供切實的幫助？值得注意的是，在與對方溝通時，要讓對方了解到這麼做的益處，要知道，重點在於如何讓對方自然地參與進來。對此，我整理出了幾項建議：

1. 選擇性試點

在某產品或某部門挑選符合只有一個實際客戶的團隊，明確領域並讓客戶參與進來，盡可能滿足客戶所有的需求，試點取得成功後，可以作為真實事例進行推廣。

2. 控制專案的進度

在與客戶溝通交流中，難免會遇到只為自己考慮的客人，他們會提出一些過分的要求和條件，面對這樣的客戶，必須做到明確對方的參與範圍，可細化到與對方交流的目標、時間、成員。

3. 認真管理「客戶的參與」

不要陸續向客戶簡報工作的進度，而是要讓客戶參與專案的整個過程。要用啟發的方式引導客戶團隊中潛在的「討債成員」，必要時可從負

265

責人「下手」，所謂「擒賊先擒王」；在獲得小的突破時，對客戶團隊的成員給予鼓勵和讚揚，增加對方的信心；把「客戶的參與」當作一項獨立並且重要的任務，學會多從客戶的角度，用客戶的思維分析、考慮問題。

4. 把客戶放在首位

以客戶團隊的成員為中心，圍繞對方展開工作的議程。提前一日告訴對方明天的安排，不要過多霸占客戶的個人時間；對客戶表示感激；對客戶的資訊和數據進行嚴格的保密。

▍成功納入客戶意見

要知道，對客戶進行訪談的目的是獲得對方的信任和支持，是讓客戶積極地參與到專案中的主要方式。我們要和客戶保持溝通，隨時讓客戶了解到專案的相關訊息，在解決問題的途中，邀請客戶一同參與問題的討論。

舉辦階段簡報會時，團隊成員會在會議中分享建議報告、調查結果和整理到的相關數據，確保專案正朝著目標方向全速進展。在其中，參與專案的客戶會認為這一切都有他們的功勞，這時，推銷方案的成功率就會大幅度提高。

給客戶一份最適合他的解決方案

諮詢工作的成功之處在於 —— 你的客戶欣然接受並實施你的建議。反之，如果你嘔心瀝血策劃出了一個有真實數據為基礎、有可觀的利潤為吸引力的完美的解決方案，但是你的客戶對它似乎沒有興趣，沒有將方案實施的意向，那麼即使它在你的心中再無懈可擊，那也是毫無意義的。

如今，隨著客戶專業度的提升，他們對於方案的品質要求也不斷提高，只有精益求精，才能滿足他們的需求。對此，麥肯錫意識到了問題的嚴重性。針對這個現象，公司開始採取應對措施，他要求員工不單單要具備提高設計方案的能力，還要提高根據客戶的要求改變方案的能力，這樣才能滿足客戶的需求。

所以，在設計每一方案之前，諮詢工作顯得尤為重要 —— 一定要在諮詢的同時了解你的客戶；了解清楚其企業組織的優勢、弱勢，以及後期的潛力，只有這樣，才能得出所有能實施、推動變革的條件。想到管理層所有不曾想到的事情，想到所有能夠做到和做不到的事，這樣你才算是給了客戶一份最適合他的切合實際需求、隨機應變的解決方案。

案例

麥肯錫前專案經理曾講述了這樣一個事例：

我帶領我的團隊曾做過一個專案 —— 為一家大型金融機構削減資金成本。那時，我們察覺到該金融機構正在嘗試用衛星連線所有的辦公室，

而該金融機構在全球擁有兩百多家辦公室。並且令我了解到，這項衛星計劃在三年前就開始了實施了，如今，已經完成了整個專案的三分之二。

對於這個現象，我們展開了一次內部會議，並且得以斷定，如果終止該公司的衛星專案，改用現代技術 —— 電話線，那麼只需要投入很少的成本，便能達到同樣的效果。經過嚴謹的測算，我們判斷至少可以幫該公司節約 1.7 億美元。

我們將研究結果與該公司的專案負責人進行了溝通，他也是該公司的專案經理，他回應道：「你們的建議很好，這樣做確實可為我們公司節省下幾億美元的成本，但是衛星專案是我們研究多年的成果，如果現在忽然終止，將會為我們公司帶來很大的政治風險。我們的能力有限，恐怕不能接受這個提議。我想，我們需要一個更加完美的可行計劃。」

坦白地說，對方並不認跟我們的想法是出乎我們意料之外的，但是換一個角度來說，或許我們可以找到更好的解決方法，為該公司節省 3 億美元甚至是 5 億美元，這樣看來，節約 1.7 億美元並不算是最好的建議了，所以對方的反應也是合情合理的。

實施指南

全面了解客戶的需求，根據客戶的需求制定最優質的解方案，時刻想著要為客戶創造更多的價值。

從客戶的角度考察問題，確保向客戶提供獲得重大利益的機會

尋找客戶管理層的關注點，從客戶的角度考慮問題，這會迫使我們快速並準確地找到客戶的需求，將思考方向集中在客戶所關注的資訊，會讓我們對客戶、對問題的想法更加敏感。與此同時，要讓整個專案方案與企

業文化相呼應，避免客戶對專案方案產生排斥的心理，進而更願意接受並配合。

如今，很多的公司在研發新產品的途中會關注客戶對產品的需求。公司會跟蹤取證產品的銷售和使用的情況，從而得出如何進行改進的結論。他們堅持與客戶進行溝通，才會讓產品更受歡迎。這一點和我們團隊的想法不謀而合，要充分地和客戶進行溝通，適時向客戶提供實際的資訊。

然後，問問自己，當下的解決方案是否可以為你的客戶排憂解難？是否可以讓你的客戶增值？你的解決方案可以獲得多少的利潤？是否有足夠的精力、時間、資源來完成當下的方案？和其他的方案相比，是否該策劃出更優質的方案？假如對這些問題持有否定或者疑問的態度，那麼不妨考慮一下其他的可行方案。

「不要問國家能給你帶來什麼，要去問你能夠為國家帶來什麼。」這句至理名言出自於美國總統約翰‧甘迺迪。可以這樣理解：「不要總是想你辛苦得來的分析結果可以為你帶來什麼，要去問你的分析結果能夠為客戶創造什麼。」很多時候，精心設計出的分析結果會給自己帶來成就感，這種成就感往往會讓人喪失理智，但是，一定不能因此而干擾了你準確的判斷，要時刻想著為客戶創造更多的價值。

▌尊重客戶能力的局限性，沒有實質性的實施障礙

需要注意，在得到最終的分析報告前，有兩點值得充分考慮：一，真正了解你的客戶所需，從而分析他究竟想得到什麼；二，尊重你的客戶和客戶公司，接受對方能力上的局限。

如今的企業不乏優秀的人才，他們有著自己的特點和優勢，同時也有劣勢和工作上的局限，他們只能運用公司或是團隊給予的資源做範圍內有

限的事情。很多時候，由於資源的匱乏、能力的有限，甚至因為政治因素，一些任務無法按照規定的時間完成。如果整個團隊都沒有辦法完成任務，那麼再好的方案也無濟於事，好比你的籃球隊攻守能力不盡如人意，即使幸運地將球傳到中場，那也是徒勞無獲。

　　提出的建議得到客戶的接受和執行，才會發揮它的價值。所以，為了保證每一個提議都在客戶力所能及的範圍之內，我們要確保在形成最終方案前，考慮到是否這些建議能被客戶所理解、認同，同時也要考慮客戶是否具備解決問題的能力、體系、基礎結構和參與人員？不但如此，還要避免競爭對手、消費者、供應商等外界因素對專案的影響，確保專案可以順利進行。若你僅僅對於自己的方案很有把握，那不妨考慮一下其他的因素，只有做好全面並且正確的規劃，你的建議才會產生真正的價值。

如何長期留住客戶

....

頂級的諮詢公司都明白這一點，與客戶之間的關係往往決定了是否能得到新的業務，而不是取決於一張張專案建議書。因此，在麥肯錫公司，每一位負責客戶關係的合夥人都會和客戶保持聯絡，他們主要負責的工作是專案結束後的跟進，這麼做既能觀察到專案的影響力，也可以進一步了解客戶公司的動態，從而繼續幫助客戶公司完成更高的目標，洽談到新的業務。

與客戶保持溝通，並且長期堅持下去，在合作中的方方面面都要以能與客戶建立長期合作關係為標準。要知道，客戶是麥肯錫公司事業蓬勃發展的前提，沒有了客戶資源，一切都是紙上談兵。

實施指南

「關係導向型」是麥肯錫對待客戶一向採用的模式，但留住客戶的關鍵取決於是否可以達到甚至超出客戶的預想效果。下面，我們再來回憶一下麥肯錫是如何工作的：

嚴格實施，言出必行

「創意不錯，但實施較為困難」是在很長一段時間裡，很多人對於麥肯錫解決方案的評價。為了避免你提出的建議被放在公司的書架上無人問津，最終成為大海中的遺珠，那麼從現在開始，你就要提升讓客戶實施你的解決方案的能力。

你需要設定一個清晰並且完整的實施方案，方案主要包括以下幾點：應該做什麼、由誰負責去做、規定在什麼時間內完成，確定好方案後徹底執行。這不僅對於諮詢專案有很大的益處，對於公司內很多的內部專案同樣會有所幫助。

不居功，讓客戶感到榮耀

永遠不要忘記我們的任務 ── 我們的任務是幫助客戶更容易完成他們的工作，而這些客戶就是企業的領導人。不要讓每一個任務只是成為一項普通的工作內容，要把它們當成你的挑戰，要想著如何在挑戰中獲得成功。切記，是工作上的成功，而不是你個人的成功，清楚了這一點，那麼就一定能得到收穫。當然，這並不代表說讓你拋棄個人利益，只是希望你可以在做決定之前，先考慮到他人或是整個團隊。要實時和客戶溝通並闡明他們工作的方向和職責。

其實，很難想像客戶究竟藏有多大的潛能，所以，當專案團隊的分析得到了新的突破後，第一時間要和客戶公司的負責人或是提供給你重要數據的人進行溝通，聽取對方的意見，讓對方判斷是否為可行方案。這樣，你不僅可以獲得對方的信任，也能在無形中建立支持你提議的聯盟，為最終的報告會鋪墊有力的布局。

這種做法可以給予客戶更多的信賴，既讓客戶有被重視的、擁有主導權的良好感覺，也為他們提供了更多與你攜手獲得成功的機會，會讓他們因此感到榮耀。另外，這種方法能夠自然地讓客戶與你共同經歷整個專案過程，從而讓客戶感覺到責任的重大，在合適的時候，可以讓客戶替你分擔。

▌採集身邊的果實送給客戶

麥肯錫在專案進行期間，總會發現一些新的問題和細節，其中，大部分的問題和細節必須在額外的時間裡或是其他的專案中解決。好在，只要客戶對麥肯錫的工作成果表示肯定和讚揚，就會有更多的客戶慕名而來，為麥肯錫專案帶來新的不同的業務。所以，只要時常向客戶簡報新的研究成果，並且給對方適時提供一些可靠的資訊，也是促進與客戶達成長期合作關係的一項可行方案。

第四章
1＋1＞2的團隊管理

團結就是力量，這個道理大家都知道，但是置身於團隊之中的時候，總是會有很多的不確定性、有各種干擾因素，導致團隊不夠團結，甚至像一盤散沙，令團隊業績深受影響。

特別提醒您：不管是團隊領導還是普通成員，都是團隊管理的一分子，都肩負著維持平衡、促進和諧的責任，看看麥肯錫在這方面有什麼經驗可以借鑑吧。

選拔團隊成員的原則

摩西曾經告訴他的信徒們：一滴水，只有當它融入大海，才能做到不乾涸。

只有當水滴融入大海後才能生存，才能有所成就，才有可能掀起那滔天巨浪。同樣的道理，個人只有在團隊中，才能夠得到生存成長。在企業中，當遇到了棘手的問題時，不妨組織一個相應的團隊，納入更多的人來進行解決。納入更多人的同時，就有較多的人手來進行數據的收集、分析，從而用更多的腦子，從不相同的方面對數據的真正含義進行思索。

麥肯錫之所以能成功，其中的關鍵就在於其高效運作的團隊，這也是麥肯錫事業長盛不衰的重要因素。麥肯錫管理諮詢顧問公司將尋找最佳搭檔作為公司永續發展的必要條件來看待，他們依賴團隊，將其視為解決公司客戶問題的最佳方法。在麥肯錫公司，他們以團隊的方式來處理每一件事情，無論是一線客戶專案，還是制定公司範圍的決策，因為麥肯錫不允許員工獨自上路，獨自工作。

實施指南

隊員是團隊組建的根本。用於成功解決商業問題的團隊，必須在對現有資源進行最好組合的基礎上，謹慎選擇。在麥肯錫管理諮詢顧問公司中有一整套策略，用來組織團隊並保持其高水準。這其中就包括團隊隊員的選擇，如何保持團隊樂觀向上的精神以及保持團隊壓力下高超的技巧。

專案經理和合夥人即使在這樣的資源優勢下，仍必須學習和掌握人才選拔的藝術。即使因種種原因無法組織合理的資源，但就是選拔團隊成員的過程，對你來說，也是大有好處的。這裡就介紹一下為團隊挑選最佳人選的方法。

▌根據實際情況尋找適當的小組成員

為了能順利開展工作，在麥肯錫公司，他們解決問題的團隊並不是隨機安排組織的，因為這樣的團隊需要從頭了解相關行業。麥肯錫公司以從業經驗為依據，對應徵者進行精心挑選。諮詢顧問綜合考慮特定專案中技能和個性的配合，從而對團隊成員進行仔細挑選和任務分配確定。

在挑選過程中，他們會對考察對象的經驗、智力及人際交往等進行全面權衡考察，同時又根據專案的不同而有不同的側重點。如選擇最好的數學處理專家來解釋堆積如山的複雜數據；利用具有良好人際溝通能力且具有變革實施經驗的人來進行需要制定敏感決策內容的專案。

在考察過程中，相對於過去的經驗能力，他們更看重的是未來的潛力。同時，為使團隊能夠真正發揮功效，他們還會對個人經歷的多元化和相互平衡進行考慮。

綜上所述，在進行團隊成員選擇前，應草擬清單：列出完成主要任務的關鍵要求；制定詳實計劃，明確團隊成員可能來源，列出所要完成的任務以及完成任務所需要的各種資源；執行則是其中的最後一項。

▌在下決定之前，先與你中意的人談談

在麥肯錫團隊進行分派的過程中會出現團隊選擇的重要原則，其原因在於麥肯錫全球範圍的精明睿智人才隊伍，以及公司對所有成員優劣勢的

密切追蹤。當專案經理或主管因為開始新專案而需要從人力資源庫進行人才挑選時，通常情況下，辦公室經理會給他們提供一個列出每位推薦人經歷的清單，並且在清單中，就推薦人的分析能力、客戶管理技能等進行排序。

在對團隊進行選拔的過程中，按評估資訊進行隊員挑選是最容易犯的錯誤，所以對目標團隊成員的優劣，應以眼見為實，而不是盲目地偏聽偏信。聰明的專案經理是不會簡單地因為一個人不錯而接受他的，他們通常會對其進行崗前面談，從而對他們的被推薦的深層原因進行分析挖掘。

▌組織之外的隊員選拔 —— 應徵

很多時候團隊的最佳人選並沒有存在於組織內部，這時候應徵就顯得很重要了。

在麥肯錫，新人應徵是十分嚴格的，這也是麥肯錫之所以是麥肯錫的原因之一。「吸引人才、培養人才、鼓舞人才、激勵人才、留住傑出人才」麥肯錫說到做到。麥肯錫在進行人才應徵時，在面試過程中也會進行大量而細緻的案例分析。通常情況下，每個應徵者需要面對八名以上諮詢顧問的面試，並且需要解決他們提出的各不相同的案例。學業成績和面試時的案例分析占應徵過程中的很大比重，這種程式化、系統化的應徵是值得我們借鑑和效仿的，應徵的關鍵在於事前規劃和流程完整性的保持。

個人在團隊中的發展和評估

....

　　麥肯錫團隊管理是一門藝術，其中的選擇、時時溝通、團隊感情精心聯絡以及帶有明確目的性的發展等普遍原則，是值得我們借鑑的。在麥肯錫看來，能夠提供給員工廣泛發展空間的工作，才是一份令人滿意的工作。個人的發展，在借鑑經驗累積的同時，還要有目標設定、績效評估及程式回饋等，只有這樣堅持下去，才能實現員工事業上的目標，更有助於實現企業發展目標。

實施指南

　　為了能夠對每個員工在團隊中的發展和評估進行考量，我們在實際工作中，不妨就直接借鑑麥肯錫公司的評價表格制度來進行。

和團隊成員一起制定遠大個人目標，遠離自私自利

　　團隊的成功離不開承諾和信任。在明確而互利的共同目標激勵下，一個優秀的團隊能透過大公無私的團結合作來推動事業的發展。那些目光短淺，為一己之私利而不顧公司利益，甚至利用公司資源進行「炒單」及收取賄賂回扣的員工，必將失去公司信任而葬送自己的大好前程。

　　想要有效地令團隊成員遠離自私自利，就必須使之能高瞻遠矚地看到個人目標和集體目標的共同利益。因為千古不變的道理是：遠大的抱負催生巨大的成果，短淺的目標將會導致很差的效果。當你充當某個人的發展領先者角色時，你就有義務為他執行同時滿足其個人和集體共同需要的發

279

展目標，並透過宏偉目標的制定，來調動員工乃至整個組織的創造力，激發其能力，共同為目標的實現而努力奮鬥。為員工制定的事業目標，應該納入自己的目標範疇之中。

▌對隊員進行定期評估，保持積極評價和消極評價的平衡

在麥肯錫有一種非常正式的評價表格，需要專案經理或合夥人在專案完成後為每一位相關的諮詢顧問填寫，在其中涉及分析能力、人際交往能力、領導能力等一系列的重要技能，同時還有他們對各層次諮詢顧問在某一特定方面的期望。

在評價表的填寫過程中需要有三個不同的要求：

1. 保持對事對人的客觀性

在客觀上，其依據是事先制定好的目標，考慮範圍是你所負責指導的人所能控制的事情。在指導過程中，要客觀地從員工的角度出發，不能因為對某個人的不喜歡，而對工作造成影響。

2. 反思自己的「配合」工作是否到位

要反思一下自己在隊員工作的過程中是否提供了必要的幫助、是否盡了自己的義務，為其帶來的是合作的便利而不是阻礙。當你沒有盡到自己的指導職責，使得員工在工作過程中顯得盲目無措時，就不要因為他沒有達到指定的目標而對他進行苛責。

3. 不吝惜你的理解之心

要對員工無法掌控的事情進行理解。客戶破產，經濟危機等並不是員工問題。

　　需要特別指出的是，相當大一部分人簡單地將評估理解為指出其中的錯誤，提出反面意見和改進建議。但是這種嚴格的經常性評估及發展建議，並不適合於每一個人。每個人都會在其發展道路上遇到令人厭惡的障礙，面對太多的評估，將會對士氣產生極其負面的影響。當員工感覺壓力過大時，可能就會將過多的精力投入到評估中，而忽略了其本職工作。能夠保持回饋的平衡是其中的重中之重，要指出缺點和發展機會，但要注意不能過頭，適度的積極評價對員工的發展能造成極大的促進作用。

　　即使你每天都面對自己的員工，你也未必真的花較多的時間去對他們需要改進的地方進行思考，因此思考對方時，要多從他的角度進行考慮，而不是你自己的角度。考察應該全面進行，而不是單純地從某一方面進行要求。不妨為每一位直接下屬和自己都列出一個帶有積極評價和消極評價的表格來進行比較。但需要注意的是，為避免午餐的不歡而散，這樣的活動絕對要避免在午餐時進行。

讓資訊如陽光般普照

除了制度的保證之外，在麥肯錫，分享已經成為一種文化，已經融入每個人的血液之中。在這裡每個人都不會說「這是我的客戶」，只會說這是「麥肯錫的客戶」，因為麥肯錫的核心競爭力就是集體的智慧和力量。假如有人說「這是我的客戶」，那他一定不是一個符合麥肯錫文化的人。

這種集體的智慧和力量與資訊的傳遞和分享是密不可分的。

案例

你會在麥肯錫諮詢公司裡聽到高階顧問經常講這樣一個管理故事給客戶聽：

著名主持人詹姆斯・林克萊特訪問一名小孩：「你長大後想要當什麼呀？」

「我要當飛行員！」小孩天真地回答。

「假如有一天，你的飛機在太平洋上空所有引擎都熄火了，你怎麼辦？」林克萊特接著問。

小孩想了想說：「我會先告訴坐在飛機上的人繫好安全帶，然後我掛上我的降落傘跳出去……」

現場的觀眾還沒聽小孩把話說完就笑得東倒西歪，林克萊特也吃驚地注視著這個小孩，想看他是不是一個自作聰明的傢伙。沒料到，小孩的兩行眼淚奪眶而出，這才使得林克萊特發覺這小孩的悲憫之情遠非筆墨所能形容。「為什麼要這麼做？」林克萊特問他。

小孩大聲說：「我要去拿燃料，我還要回來！」他的答案透露出一個孩子真摯的想法。

事實證明，公司領導經常犯這樣的錯誤：在手下還沒有來得及講完自己的事情前，就按照自己的經驗橫加指責，說三道四。時間一長，職員將再也不敢向上級回饋真實的資訊。回饋資訊系統被切斷，領導就會被孤立，在決策上就成了「睜眼瞎」。所以，與下屬要保持暢通的資訊交流，以便及時糾正管理中的錯誤，這樣會使你的管理如魚得水，制定更加切實有效的制度和方案。

實施指南

資訊對團隊的重要性就如同汽油對汽車引擎的重要性一樣，沒了它，你的車就會熄火。與其他資源不同，共享資訊會使團隊中每個人享受到的價值得到提升。所以說，資訊就是力量。你總不會希望某人僅僅因為不了解資訊而做出錯誤的決策或對客戶說錯話吧。

團隊要想獲得成功，就必須保持資訊暢通。這既包括自下而上的暢通，也包括自上而下的暢通。要保證團隊至少了解專案框架，大的專案更是如此。讓團隊都在「訊息圈內」，有助於團隊成員了解自己的工作對最終目標的意義。相反，當人們感覺自己生活在真空時，他們就會感到自己被集體疏離，士氣也會受挫。假如保證團隊成員知道最新的資訊，他們會給你及時的回饋。至少，他們比你更貼近事實。有效的資訊流動有助於你更快地認識問題（或機遇）。

麥肯錫顧問們融會多少年的經驗，累積了許多管理內部溝通的有效方法，你可以在自己的工作中加以採用。內部溝通在團隊中有兩種基本方

法：一種是會議，另一種是傳遞資訊（包括語音信箱、電子郵件或備忘錄等形式）。

團隊會議讓有益的資訊充分流動，並提供某種程度上的社會關聯。會議成功的關鍵就是確保每個人都參與，要讓團隊會議成為每個人工作日程的常規專案。緊密關聯團隊的黏合劑是會議。團隊會議提醒那些出席會議的人，大家都是團隊中的一員。假如你是會議的領導人，要保證對會議各項內容的討論盡量簡明，以確保每一個人都掌握重要議題、事件和問題的最新動向。如果沒有什麼值得討論的，那就不要開會，你的團隊成員們總會發現這額外45分鐘的用處的。頻繁開會是可以的，但不要開不必要的、冗長的會。

對於以團隊為基礎的工作來說，不要低估隨機事實的價值。在團隊內部還有一種獨特的溝通方式：透過「走來走去」來了解情況。麥肯錫認為，一些很有價值的談話就產生於偶遇中──走廊裡、午飯的路上、飲水機旁，在麥肯錫或在客戶的公司裡。到處走走與人交流的過程中你的收穫會很大，說不定別人也能收穫頗豐。

還有，要記住「處處留心皆學問」的藝術、「三人行必有我師」的道理，要時常會見團隊成員，與不參加預定會議的成員保持一定的關聯和溝通。

要盡量讓交流變得坦誠而頻繁，與你的團隊溝通時無論選擇怎樣的方式，都要做到這一點。

善待每一個「小人物」

　　小人物是一項特別寶貴的資源，可以說無比珍貴。在麥肯錫公司裡，小人物的代表 —— 優秀的助理就像頂尖的大學生一樣搶手。因為好的助理可以透過自己的細緻工作使諮詢顧問的生活變得更為輕鬆。

　　這些小人物的工作往往瑣碎：從最常見的打字、影印、歸檔，到更貼心的日常事務，如安排行程表、為長期埋頭專案工作的諮詢顧問付信用卡帳單、在某個被你遺忘的紀念日為你的另一半送上鮮花和巧克力。實際上，就是這些瑣碎、默默無聞的工作才讓一位諮詢顧問的生活變得輕鬆起來。雖然大多數時候，我們可以自己處理檔案、自己打字，並在緊要關頭自己啟動影印機，但是，如果我們不得不在長達 6 個月的時間裡都待在100 公里外的客戶駐地，我們就能切身體會到，「後方」能有一位值得信賴的人幫忙處理這些瑣事將是一件多幸運的事情！當諮詢顧問們出差時，私人助理就是把他們和公司緊密連線起來的「生命線」。

　　不管從事這些瑣碎工作的是祕書、助理、初級職員還是實習生，記住，請善待他們。既要明確告訴他們你的需要和願望，同時，也要給他們足夠的成長空間，給予他們更多承擔責任、事業發展的機會，哪怕他們並非走行政管理的路。

案例

　　在不了解底細的情況下挑選得力助理實非易事，在麥肯錫，諮詢顧問們都需面對這一問題。若祕書達不到標準，很多顧問的生活會因此變成人

間地獄！資訊傳遞不及時、傳真發錯地方、檔案被搞丟、客戶因為他們接電話時的糟糕態度而大為惱火，這樣的事情將時有發生。

有位諮詢顧問有兩個正在交往中的男友，由於她一直掩飾得較好，兩位男士都不知道對方的存在。很不幸地，有一次，祕書沒有說這位顧問本週都會在休士頓出差，反而告知 1 號男友她正在和 2 號男友約會吃大餐！

幸運的是，艾森·拉塞爾的祕書珊迪一直表現出色。儘管她是包括他在內共 5 位諮詢顧問的共同祕書，但是她經常幫艾森成功搞定各種突發狀況。每一次的祕書評估表，他都給她打最高分，雖然這讓他有些不安，擔心別人會因此把她挖走。不僅如此，艾森·拉塞爾從來都不會忘記在祕書節給她送花、或者在聖誕節給她送精心挑選的禮物。更重要的是，他對她的工作一直給予應有的尊重，盡可能地使她的工作更輕鬆容易。

一般情況下，艾森·拉塞爾會盡量把自己的需要清楚地告知祕書，讓她對他每時每刻的行蹤瞭然於心，這樣一旦出現重要訊息她就能第一時間通知他，或者透過客戶和其他同事聯絡到他。更重要的是，只要有可能，艾森·拉塞爾都會給她創造出展示自己和參與決策的機會，在整理簡報材料時、在為他安排時間表時，在聯絡他和其他同事時，這種積極創造機會讓祕書成長的善意，讓他們倆都感覺愉快。

▍實施指南

一般而言，祕書是團隊當中的「小人物」。對於處在事業初始期的他們而言，來自別人任何一點小小的呵護，都能讓他們獲益不少。花點心思和時間好好培養他們，用心回答他們的問題，告訴他們某個工作中應該注意的事項，相信我，這種舉手之勞也會給你自己帶來很大幫助。

吸引最好的祕書來公司工作

只有真正的職業發展規劃才能吸引、留住優秀的祕書們。在麥肯錫，新來的祕書通常會先與剛進公司不久的諮詢顧問一起工作，表現優秀者將會被選中轉去為高階專案經理工作，最優秀的祕書則為公司其他高管或者合夥人工作。麥肯錫每年都會為祕書們開展再培訓。當然，如果某位祕書足夠優秀，他（她）的發展將遠不止這些。麥肯錫負責應徵和行政的經理人都是從祕書做起的，現在他們已經具有了很大的權力和責任。

以上種種，目的只有一個，就是為了吸引和留住最優秀的祕書，因為這跟吸引和留住最優秀的諮詢顧問一樣重要。

大膽、完整地授權

不需要自己去做而別人也能做得很好的事情，就儘管放手吧。要知道，還有更多更重要的工作等著你去做。所以，你要學會授權，若你的祕書已經成長到能對突發狀況做出準確判斷，並且能很方便地獲取有關事實，那就給他（她）加點責任吧。

小小的獎勵可以增強向心力

當你的祕書或者團隊在某次工作中表現突出時，不要吝嗇你的獎勵。有時候，一個小小的獎勵，比如聚餐、獎品、獎金、休假，甚至公開表揚，都可有效增加團隊的向心力。成本雖然不高，但是能讓你贏得團隊成員的高度認同與全力付出。

▌以尊重對待你的團隊同事

　　任何時候，不尊重別人都是缺乏職業精神和道德的事情。尊重不僅指基本的禮貌，還意味著不占用員工工作之外的時間。或許你自己很享受工作的樂趣，很喜歡每週工作 6 天、每天工作至午夜的感覺，但是要記住，你的祕書可能有工作之外的更重要的事情需要去做。如果某段時間你的團隊不得不工作至很晚，也要盡量保證晚上 10 點的團隊會議結束之後讓他們下班，並盡量與他們一起加班。

第五章
職業生活的自我管理

在麥肯錫工作久了的人都會知道，不管任何事情，排序都是客戶至上、公司次之、個人最後。但是不要因此以為，自我管理就不重要。每個人必須首先在個人生活與職業生涯中求得平衡，才能達到客戶與團隊的期望和要求。

特別提醒您：職業生活的自我管理包含很多內容，若是疏忽了某一項，很容易自行在工作上設定不必要的阻礙。

告訴自己：不升職就離職

麥肯錫的級別是細緻有序的：資淺副手、資深副手、資淺約聘經理、資深約聘經理、資淺合夥人、資深合夥人……前面幾個層級的提升是在地方性分部的範圍內進行的，從資淺合夥人開始，後續的晉升都將會在公司範圍內進行。

麥肯錫嚴格奉行「不進則退」的人事原則。凡是未能如期達到晉級標準的人員，公司會妥善勸其退出。公司幾乎所有的董事和高階董事都是透過6～7年的嚴格鍛鍊和培訓之後，從眾多的諮詢人員中脫穎而出的。機率大約是每5～6個諮詢人員中能有一位晉升成董事。許多董事離開麥肯錫後能夠加入其他大公司擔任要職。例如，運通公司、IBM公司、西屋電氣公司的高管人員中有許多人都曾經是麥肯錫的董事。

實施指南

只有儘早做出一份切實的、明確的職業生涯規劃，你才能更容易把握自己的近期、遠期目標。當適合自己的職位出現空缺時，你能敏銳、恰當地把握住晉升機會。

儘早做出職業生涯的設計

許多跨國公司都會要求員工做出明確的職業生涯規劃，包括你在公司的定位是什麼、你準備向什麼方向發展。如果你已經明確了自己的規劃目

標，那一年之後，公司會對你的定位和目標進行評估，考察你是否適合從事這方面的工作。如果你個人相信這就是適合你的方向，那麼你就得設計一下：

如何能在 2～3 年的時間中達到這一目標對工作能力的要求，為此你將如何進行提高？

個人需要做哪些努力？

需要公司對你如何幫助？

若形勢有所變化，你將如何適應和調整？

公司會有一個專門的小組對你的職業規劃進行討論、評估，並以此來打分，依據這一結果制定出你第二年的薪資標準；如果你對評估結果有異議，你有權申訴，公司會有一個專門的委員會處理這類申訴問題。

▌積極進取，勇於表現

依你目前的職位，你可能是團隊裡的二號人物、甚至是墊底的備用人選。「水往低處流」，如果你繼續保持現狀，那麼你的職業生涯不僅會往低處流，還會成為一潭死水。

想要獲得成功，就必須尋求突破，實現職業生涯的自我管理，你就需要在某些極好的際遇出現之時「逆流而上」——努力發展，勇於表現。當某個合適你的職位出現空缺時，你要盡快毛遂自薦，免得他人捷足先登。

當然，這種策略是有風險的，特別是公司的等級層次越分明，你所要冒的風險就越大。你需要對其他人職權界限的劃分保持高度敏感，並隨時做好「撤退」的準備。

找到自己的導師才能少走彎路

麥肯錫在指導其客戶服務人員方面有一套複雜的制度，建立了若干正式的個人發展工具。每一個諮詢顧問，從分析師到主管都分派一個導師對其職業進行指導監督。這樣的人物通常是公司合夥人，負責跟蹤諮詢顧問在公司內的發展，會與專案團隊的其他成員詳細討論這些評估，能夠掌握對某位諮詢顧問的所有績效評估。

找一個在組織中資歷比自己深厚的人做師傅，這樣可以充分利用他的經驗，實現個人的發展和知識的增長。在麥肯錫這是實現職業發展的最主要渠道。你應該主動尋找一個你尊敬、信任的指路人，即使你的企業無法實施正規的導師指導程式。

案例

曾在麥肯錫工作的艾森·拉塞爾在他的著作《麥肯錫方法》中提到了自己與導師相處的故事：

在上班的第一週，公司就指派了一位導師給我，他是一位 30 歲左右的和藹可親的合夥人。他請我去一家時髦的義大利餐廳吃飯，經常有一些超級名模光顧那裡大快朵頤。我們聊起在公司的事，以及如何才能攻克難關、取得勝利，度過了愉快而充實的 45 分鐘。那次之後，我只見過他一次，大概 6 個月以後，他被派去墨西哥創辦一個新的辦事處。

他走後，我有好幾個月都很迷茫。最後，公司為我指派了另外一名導

師，儘管他作為導師聲望極佳，但我是他十來個「學員」中的一個，除了形式上對我的工作表現進行評估之外，在與他的師徒交往中，我的收穫很少。

我的大部分工作是和一位專案經理一起做的，他也是當初決定錄用我的人。我們關係很好——可以說是默契。沒了嚮導，我是不是就得在麥肯錫的大海中隨波逐流了呢？絕對沒有。我和其他想要成功的麥肯錫人一樣，胸懷大志。在我不知所措，想聽取建議時，就去找專案經理。他也讓我參加他的專案組，做我擅長的研究。

我很自信一點，只要我在他那裡好好表現，在評估、晉級和分派工作時，他都會站在我這邊。

如果你希望得到更多的指導，必須出去尋找。我的經歷在麥肯錫很有代表性。你從指派導師那裡能得到多少要看運氣。

實施指南

不論你的公司是什麼樣的體制，尋覓一個能力和見解都是你所欽佩的資歷比你深的人，讓他給你些建議。這是在任何公司都通用的法則。

因為只有自我能力與人際關係的開發才是未來向更高職位邁進的基石。麥肯錫校友們多數均認同，了解個人能力的局限，就如同了解團隊、客戶，甚至公司能力的局限一樣重要。在了解自己的能力局限之後，能透過與他人建立關係，運用別人的專業來彌補自己的不足，你不僅將獲得知識和經驗，還能擁有一位終生的朋友和潛在的商業夥伴，對個人未來事業發展的幫助有時會是意想不到的。

通常我們會把導師定義為一個德高望重或者資歷深厚的人，他能幫助

你設定並達成職業目標、做出明智的商業決定、學習新技能、克服職場挑戰，或者在你面對工作挫折時提供外部觀點，很多人會覺得自己並沒有碰到這樣的人。那些在工作中經常給你提供切實可行的建議的同事，社交關係中給你提供過資源的人，都可以是你的導師，也值得你用心去維護這樣的關係。你需要知道的是，實際的關係比名義重要得多，「導師」這個詞從來不需要掛在嘴上說。

事實上，很多人都喜歡給別人提建議，在別人徵求意見時能夠坦言相待。選定導師之後，有些人還有某種擔憂，他真的會教授自己有價值的東西、樂於幫助自己嗎？當然，如果你和他關係很好的話更會如此。有些導師信任被指導者，希望看到他或她獲得成功，僅此一點就值得他們花費時間和精力。其他導師則把這種指導關係看成是留下傳承的途徑。這是一種互惠互利的關係，在被指導者能善於利用時間、真心接受回饋時，導師也會繼續為之投入。

這種指導與被指導的關係是可以發展為友誼的，但仍然是以工作與職業關係為基礎。拜訪和求助不要太過頻繁，更不要因為關係不錯就把自己私人生活方面的疑問也拋給他們，把導師當作心理醫生去解決情緒問題也是錯誤的做法，因為很少有導師能花大量時間去手把手指導門生，他們中大多數都必須應對自己的工作，壓力也大。記住，準備充分、情緒積極的被指導者會讓他們豁然開朗，眼前一亮。

每天繪製一個工作圖表

嘗試著使用工作總結表格，它會在今後的工作中讓你受益匪淺。麥肯錫的經驗是每一天都制定一個表格，內容包括你今天做了什麼、有什麼收穫、哪些地方還可以改進。當你嘗試從事實數據中創造出解決方案時，這個每天一次的表格製作過程會幫助你梳理自己的思路，並鞭策、刺激你的直覺性記憶。

實施指南

當天的工作全部結束之後，花上半個小時的時間讓身心安靜下來，之後開始思考梳理當天的工作，並對明天的工作做初步的規劃，以表格的形式把它們記錄下來。

當你的自我管理中有了圖表的幫助

對大多數人而言，每天繪製一張表格是一件繁瑣且不易堅持的事情，的確如此。但是，如果你想要達到從事實到解決方案的飛躍，這絕對是一個好辦法。

1. 表格會讓我們隨時保持明確目標

每個人在工作中都有短期目標、中期目標和長期目標。比如你計劃明天做什麼、或者準備下星期、下個月做什麼就是眼前的特定目標。如果你不斷堅持把有助於你達到中長期目標的近期特定目標寫下來，你會發現你的長期目標也正在慢慢變成現實。

2. 表格會幫助你排定事件的輕重緩急次序

你將會因此明確一些事情究竟應該做還是不應該做。當你一邊製作表格，一邊就已經在心裡排定了次序，你會自然而然將最重要的事情放在最優先的位置上，將無意義的事情排除出去。這無疑會為你節省下許多時間。

3. 表格還能不斷激發我們工作的激情和靈感，確保我們對工作一直保持積極性

愛默生說：「缺乏熱忱，難成大事。」工作也是需要持續不斷的熱忱和激情的。在解決問題的過程中，每天都會有新收穫、新點子湧現出來，你要隨手把它記在紙上，這有助於你深入思考併產生新的工作思路。否則，早上產生的靈感等到晚上鎖辦公桌時已經了無蹤跡了。

圖表重點：今天我學到的最重要的三件事是什麼？明天的工作計劃是什麼？

典型麥肯錫人一天的流程如下：忙碌的一天從早上 9 點的腦力激盪開始，10 點約客戶面談，11 點參觀客戶工廠，之後與你的主管共進三明治午餐。隨後你可能會有更多的客戶面談需要依次進行，偶爾你需要趕到華頓商學院參加新人研討會，每天晚些時候需要參加小組會議。一天當中，各種事件像吸墨紙上的不同顏色一樣交融調和，交替在你的腦海中閃現。即使你對每次訪談都做記錄，一天當中依然還是有些重要資訊被大腦丟失掉。

每天抽出幾分鐘時間，像制定解決問題的文案圖表一樣，對自己當天的工作進行一次梳理、總結和回顧。方法如下：全天的工作全部結束之後，讓自己身心全都安靜下來。之後，問問自己，今天我學到的最重要的三件事是什麼？將它們記在紙上。不需要複雜的形式，只是畫張草圖或是

簡單地寫上幾條就可以了。之後，再計劃一下明天的工作，同樣也以表格的形式把它們記下來。

需要提醒的是，表格只是用來傳遞和表達資訊的一種工具，所以實際操作中，不需要花哨也不必苛求整齊。實際上，表格越複雜，傳遞資訊的效果就越差，你對它的記憶效果就越差。如果你想一勞永逸地用同樣的表格傳遞不同的資訊，那麼最好放棄這個念頭，還是應該多畫幾張分開記錄，以便清晰地說明每個問題。

通常情況下，麥肯錫人能盡量用表格記錄下每件事。若確實有事件無法以表格的形式傳達，你可以只是把它抽成幾點記下來，放在不會丟失的地方，而不是把它和其他東西隨手扔在抽屜裡。過後如果你需要展開分析，你可快速找到它們進行查閱，思考它們的含義，看看能否從中找到合適的解決思路。

一心不可二用，把自我與工作相分離

對每個職場人來說，「工作要不要和生活區分開」都是一個永恆的話題。對此，麥肯錫人普遍認為，工作和生活有明顯不同，工作需要快，需要取得結果；生活需要慢，需要品味過程。這兩種截然不同的事物攪在一起只會出現摩擦。

所以，工作和生活一定要區分開。若混在一起、一心二用，自己會一直在這種模糊不清的狀態中左右遊離，結果就是工作、家庭都會出現問題，都無法經營好。

實施指南

工作中，同事之間一個小小的支持，就能傳遞溫暖，即便下班回家之後你也仍然為此感覺愉悅；家庭中，如果夫妻雙方親密融洽，這種幸福感會使你在工作中充滿效率。所以，工作和生活是相互影響的。我們要盡量傳遞正面影響，減少負面效應。

最簡單的辦法就是別在工作的時候惦記著家裡的瑣事，比如我要幾點做飯、今天誰來刷碗、週末的購物清單都有哪些，如此分心的話，原本一小時就可以做完的工作很可能磨蹭到下班也難以完成，若是被同事或上司看到你這副心不在焉的樣子，將會令你的工作生涯平添幾分不敬業的晦暗。

更不要把私人時間都獻給了工作。這句話說起來簡單，但是做起來難。在傳統行業，我們只需把自己的工作合理安排好，有效利用時間，提前做好每天的規劃並嚴格實施，基本就可以實現把工作和生活區分開來。但是，當越來越多的新興行業出現後，工作節奏變得越來越快，每一天都會發生很多對固有計畫產生破壞的事情，不可預見性大大增加，在這種情況下，將工作和私人生活截然分開變成了一件難度較大的事情。

即便如此，你仍然得明白，工作僅僅是生活的一部分，任何時候，我們工作都是為了更容易生活。所謂工作狂，是指那些放棄生活、拚命工作的人。嚴格來說，這是一種心理障礙。工作狂，本質上與購物狂、貪食症類似，藉由對某一個事物的強烈關注來緩解自己的心理焦慮。要知道，任何時候，過度都會帶來問題。工作對於生活是不可少的，但是過度工作則不可取。不要自欺欺人地認為，把工作和生活混為一談代表你很勤奮、很努力，實際上，這隻能說明你工作效率太低，或者工作方法不當。與其要下班的時候再硬擠出半小時開會，不如提前學習和訓練自己如何在預定的時間內高效專注地完成工作，然後按時回家，保護你私人生活的獨立性。

事業和家庭不能顧此失彼，不要再找藉口。即便你的工作再忙，你也應該努力在工作與生活之間找到平衡點，併作好以下兩件事：

不要將日程安排得太滿、太絕對

安排好自己的時間絕不僅僅只是做一個完美的時間計劃表。對於大多數人來說，在一個工作日塞進盡可能多的工作都是不現實的。因為很多時候，事情的發展往往都不會按照預先的安排進展下去，不確定的事情隨時都會發生。如果你提前安排了過多事項，你將會因為很多無法回覆的電話、不能如約履行的約會而增加焦慮感。

　　不要嘗試在一天之內做太多的事情。假設你今天本來打算做 10 件事，那現在試試砍掉 5 件。實際上，一天的工作結束之後你會發現，你也確實在沒有浪費時間的前提下，只完成了這 5 件。

　　而且，在計劃與計劃之間盡可能排除掉干擾因素，組成一個相對順暢的工作流程。實踐證明，排除混亂，將會每年為你節省 240 ～ 288 個小時。

每週反思一次自己是否做好了工作和自我的平衡

　　一週的工作結束之後，找一個專門的時間反思一下：在自己這一週所做的每一件事情（包括工作相關和工作無關的）中，哪一個是最重要的？哪一個是令自己滿意的？刪除那些在你工作時施以干擾的個人事務和在私人時間施以干擾的工作事宜，並且任何時候都不要為此而感到內疚。

　　如果這不是你個人能決定的，那就和你的上司談談更合適的工作安排，試著商量一下，能否透過分享工作、使用遠端合作、彈性的工作時間等，來保證自己的私人時間不被占用。

訪談後一定要寫感謝信

在占用了別人半小時或者更多的時間進行了一次訪談之後，回到辦公室的你不要忘了寫封感謝信，以書面形式向別人表達謝意是有必要的。實際上，這花不了你幾分鐘的時間。

寫信表示感謝不僅是一種禮節，它還可以告訴被訪人，你與他一樣珍惜他寶貴的時間。同時，寫一封正式的感謝信也是工作需要，在有公司名稱的信紙上寫下真誠的謝意，將會給客戶留下好印象，將你與其他隨意應付訪談工作的人區分開來。這個隨手之舉或許能在未來帶給你驚喜的回報。若你對於自己在訪談中的表現不夠滿意，抓住訪談後寄感謝信的機會，你或許還可以扭轉乾坤。

想像一下，如果你在無意中收到了一封雖然簡短但是語氣真誠的感謝信，心情會不會因此變得更好？我們不能因為步履匆忙就忘記了那些曾經給予我們幫助的人。在物欲橫流的商品社會，這一點將更顯可貴。

案例

這個故事一直在每個麥肯錫新人當中流傳著：

一位麥肯錫人要採訪一家地處美國中部地區的農產品公司的高階銷售主管。當他打電話給客戶，告知自己是麥肯錫諮詢顧問，需要對其進行一個小時的訪談後，他受到了熱烈歡迎。客戶熱切地說：「快來吧！」這位顧問長途跋涉到了客戶公司之後，客戶給他看了一封用麥肯錫信紙寫的信。這封信來自 15 年前另一位麥肯錫造訪者，信裡造訪者感謝這位主管

接受了自己的訪談。客戶將這封信和自己的學位證書一起，多年來一直掛在辦公室牆壁上一個顯要的位置。

實施指南

篇幅適度、語言精練、評價得當的感謝信會讓客戶給你增加不少印象分。

▌用語要適度，敘事要精練

感謝信的內容以敘述主要事件為主。篇幅不需要太長，詳略得當即可。所謂話不在多、點到為止。用語要求簡潔、精煉，遣詞造句上要注意把握好度，不可過分雕琢，否則會給人一種不真誠的感覺。

▌內容要真實，評價要恰當

信中敘述的事件必須建立在真實的事件基礎上，不可誇大虛構。感謝信本就以感謝為主，表揚是其次的。所以你的言語之間一定要展現出真誠，並且讓對方能舒適地體會到它。評價對方的言論要恰當適度，不能一味拔高、戴高帽，即便是喜歡恭維的人也不會對刻意的、失真的恭維話產生什麼良好的感覺。

▌不要寫千篇一律的感謝信

感謝信的主旨在於真實、真誠。雖然我們無法要求你每一封感謝信都完美無瑕、構思巧妙，但是千萬不要每次都寄出完全相同的感謝信。

我在電腦中存著一個基本的感謝信模板。每次當我需要寫感謝信的時候，我會在此基礎上進行修改。這確實比不做修改直接寄出要多花幾分鐘的時間，但這是值得的。

出差也要樂在其中

出差是現代商業活動中必不可少的專案。特別是在麥肯錫，固然你會獲得如好的待遇、有趣的工作、高水準的同事等很多資源，但工作也著實辛苦，長期伏案、通宵加班都是常有的事，而且，麥肯錫的諮詢顧問每年都會花很多時間在出差上，這種長時間遠離家庭、親友、輾轉全國甚至全球的日子，會讓你筋疲力盡。

在這種情況下，把出差視為一次冒險旅程能讓你減輕精神上的壓力。當然，完善的出行計劃和健全的工作態度也是必需的。不要把旅程和工作當成純粹的壓力，尤其是在需要長期出差的情況下。

實施指南

保持積極樂觀的心態，把每次出差都視為冒險旅程，會讓這件苦差事變得有趣起來。

努力看到出差中的機遇，而不要只看到出差的代價

假如你的出差地點恰好是一個有趣的地方，那就好好把握時間盡量享用吧。別忘了，旅行是你在工作之外完全可以進行的活動。假如你有一週的時間可待在倫敦或者巴黎，週末之前又恰好能結束工作，為什麼不來一次阿爾卑斯滑雪之旅呢？

當然，大部分情況下，到外地工作都是一種苦差事。若你的出差地實在缺乏風情，你只能好好計劃，讓自己盡量少受些罪。行裝簡而又簡，讓

303

自己輕裝上陣；交通工作要確保妥當無誤；一天的工作完成之後，想辦法找點樂趣，和你的同事、客戶團隊成員或者大學時代的室友共約晚餐、看看演出，或打場球賽。不要讓出差的日子只有工作、吃飯、睡覺。至少，當你回到賓館睡覺之前，你應該做點有趣的事情。

雖然麥肯錫人想出了各種不同的方法來度過嚴酷的長途出差，但是保持積極的心態是大家一致強調的。諮詢顧問阿貝‧布萊伯格說：「將出差看成一次探險吧。即使我曾經被困在密西根的弗林特，度過長達 3 個月的寒冷冬季，我也依然樂觀。我可以很驕傲地告訴我的孫子們，『你們的爺爺可是曾在弗林特度過嚴冬的人。』不是每個人都有這種探險經歷的。」

▍樂在出差中的另一關鍵 —— 適當做計劃

要避免出差期間的各種困境，合適的計畫是明智之舉。你可把自己待在客戶那裡的時間做一個提前安排，保證自己能在週五或者週一回家。帶上輕便的衣服，以及你在路上真正需要的東西，而不是你可能需要的東西。如果可以，乘飛機時只帶一件手提行李即可，避免託運多餘的東西。如果你需要在某個地點待很久，你要提前問清楚酒店是不是有寄存行李的地方，好讓你能安心出去過個週末。

找一家可靠的租車公司。假如你需要租車，那在此之前你應該對自己的目的地有清晰準確的認識。

▍出差必帶的三件寶

臨行前，再次給你的行李減肥，把旅行需求縮減到必需的幾件東西上。

經常旅行的人會知道，任何時候你如果出行，有三件東西是必不可少的，那就是護照、機票和錢。當你需要出差時，還有另外三件東西需要加

上：一張約見的人員名單、一份旅行計劃書、一本好書。

作為商務行程，拜訪必要的人員是首要任務。如果你需要約見的人為數不少，且日程不一，那提前制定一份約見人員名單，標記下初步的約見時間是必需的；除此之外，你可能還需要參加其他各類活動，比如參觀工廠、列席會議等。把這些事件提前列好，將時間、地點一一標註清楚，製作一份屬於自己的旅行計劃書，這將是你整個出差行程中的重要指南。而從一地飛往另一地的班機中，一本好書加一杯咖啡，可以讓你的身心獲得片刻休息。

這裡提供一份麥肯錫清單，它是麥肯錫人多年出差經驗的結晶，也是你出差時可以借鑑的捷徑：

- ⊙ 衣服：幾件襯衫、幾條褲子、幾條備用的領帶（男士）、舒適的平底鞋（女士）、休閒裝、運動裝、一件保暖的羊毛衫（在夜間乘飛機時穿）；
- ⊙ 辦公用品：記事本加筆、電腦、繪圖紙、需要給客戶的各種影印件；
- ⊙ 個人用品：牙刷、刮鬍用具（男性）、迷你化妝包（女性）、常備藥、衛生用品（女士）；
- ⊙ 幫助你保持條理及與公司保持聯絡的物品；
- ⊙ 手機及充電器；
- ⊙ 筆記型電腦；
- ⊙ 信用卡；
- ⊙ 班機時刻表；
- ⊙ 到達客戶所在地的地圖；
- ⊙ 一本好書以或有聲書（尤其是你的旅行中有開長途車的情況時它非常實用）。

人盡其能的關係網

相較於其他大多數的組織，麥肯錫校友之間的關聯顯然更密切。比如，紐約的一名麥肯錫助理諮詢顧問，可以自由留言給印度加爾各答的諮詢顧問，並且一天之內就能收到回覆。當然，這一點或許還不足以讓你吃驚。那麼，若你得知，如今已經不在麥肯錫工作的員工們也能同樣如此密切地傳遞和交流資訊時，你可能會覺得有些不可思議了。有時，麥肯錫的校友關聯看上去就像一所小型大學的校友組織，密切且迅捷。

麥肯錫倡導每個人都盡量利用起各自的關係網，這也是麥肯錫管理諮詢顧問公司永續發展的前提條件。在麥肯錫的校友組織裡，除了圈內人士之外，你還有可能接觸到其他朋友，與他們交流經驗、分享心得。這些人可能是你以前的校友、同事、朋友。無論來自哪裡，他們現在都是你的資源，都有幫助你順利前進的可能。有的時候，他們甚至還會給你帶來意料之外的驚喜。

實施指南

想打造自己的好人緣、組建有效的人際關係網，既不能等，也不能靠，只有發揮自己的主觀能動性，利用和創造各種機會、採用各種辦法，付諸行動、擴大關係網，你才能取得進一步的成功。

█創造各種機會和人相識

隨著網路、電信等技術的飛速發展，通訊方式更為便捷，因此，如今的職員關係網比以往更加發達和廣泛。但是也有可能，無論你的前任還是現任老闆，都不會像麥肯錫一樣煞費苦心地幫助員工發展校友組織。你只能靠自己。

比如，你可以在彼此不認識的情況下，以真誠友好的態度向你想要結交的對象主動介紹自己；主動了解對方的興趣愛好、為人處世、技能、性格等有關情況，方便日後交往；給對方真誠的生日祝賀，並送上有趣的小禮品；創造機會與更多的人接觸，比如多參加聚會、遊覽、參觀、逛街等。

這樣的機會非常多。人與人接觸越多，彼此間的距離才可能越近，好感才可能產生，也才有可能發展為朋友。

█與認識的人都保持聯絡，別管他是誰

保持聯絡並在適當的時候表達感激、給予回報，是加強和維持你的人際關係的重要策略。不光要與你現在的人際圈保持聯絡，即便是以前的同事、客戶甚至競爭對手，也不應該失去聯絡。畢竟，誰也無法確定他們以後還會不會出現在你的生活中，並恰巧是在你需要他們幫助的時候。

除了最親密的核心圈子之外，你還有很多認識的人。你們雖然暫時不夠密切，但是你們有著共同的經歷和價值觀，也就是說，你們有共同的文化。這些人可能是你以前工作時的熟人或朋友、大學校友或同學、或者社群活動中認識的朋友。無論他們來自哪裡，現在他們都已經是你人際網路中的一分子，都有可能幫助你發展，甚至都有可能在你需要幫助時給你送來驚喜。所以，盡量不要放棄這些人脈資源。

　　沒有什麼比面對面的接觸更能促進人際關係的了，雖然私人會晤是最費時間的一種聯絡方式，但也是最好的與人保持聯絡的方式。對於那些與你有重要關係的特定的人，你應該定期和他們聚會，相約一起吃頓飯，不管是簡單的早餐、午餐還是豐富的晚餐，都是一件很好的事。如果你實在無法每月都安排時間和這些人見面，那麼，提前安排好一個見面的次序是必要的。確定下哪些人是最重要的，然後依此制定計劃，如果可能，至少三個月就得和他們聚會一次。

關係網是一條雙向軌道，記得回報那些幫助過你的人

　　絕對不要存著利用別人的心態。倘若你利用完別人之後就把對方忘到了腦後，那誰都不傻，別人會因此只跟你做交易，不跟你做朋友。而交易關係只在你有利用價值時才存在，當你沒了利用價值，別人會把你一腳踢開。

　　在別人需要你幫助時，不要吝於伸出你的援助之手。如果對方曾經幫助過你，現在就是你回報的時候；如果別人未曾幫助過你，現在也是你積德行善的時候。若是某一天，你偶爾接到了一個母校年輕校友的求助電話，那就盡量去幫助他吧。說不定某一天，他會給你帶來回報。這樣的例子比比皆是。

消除那些破壞人際關係的消極因素

　　對於自己好不容易建立起來的人脈網，如果不加以精心呵護，這張網就會出現漏洞，很多寶貴資源會隨之流失。畢竟，人際關係可不是一經建立就堅不可摧、萬事大吉的。因此，你需要不斷消除那些有可能破壞你人際關係網的消極因素。比如，喜歡斤斤計較彼此的利益得失；只能聽恭維和讚美，無法容忍任何的直言勸諫；過於依賴對方等等。

　　如果你感覺經營人際關係是一件很難的事情，並想因此而放棄它，實在不是理智的做法。每個人都離不開人際關係，逃避對人際關係的經營而只想擁有別人真誠的友誼或幫助只能是空中樓閣。維護好人際關係是你的生活責任。就如同你需要維護好自己的身體健康一樣，你只有維護好了人際關係的健康，你的人生和職業生涯才會更精彩，你也才能從中體會到更多的幸福感。

緊張工作之外的私生活

很多人都想知道，麥肯錫的諮詢顧問們在離創辦公室之後，是如何安排自己的私生活的。對此，很多麥肯錫人都表示，由於工作壓力太大，他們幾乎沒有家庭生活。這也是很多人最終選擇離開、向外尋求發展的原因之一。不過，他們內心其實也清楚，工作壓力不會因為換一個公司而消失，有時反而會變得更大。

所以，即便你的工作再緊張充實，也應該為自己留下一些供你喘息的私人空間。只有做到有效地分散壓力，在事業與家庭當中找到平衡，才是成功人生的真諦。

實施指南

實際上，如果每週工作都達 80 個小時，那麼除去吃飯、睡覺、盥洗之外，你也剩不下多少時間做其他事了。所以，若是你想要擁有自己的私人時間，就必須得提前做一些工作、制定一些規則。

一週中最少休息一天

選定好一天（大部分人選在週六或週日），之後告訴你的上司以及你自己，除非有絕對緊急的情況，否則這一天你絕不工作。大多數情況下，上司們都會尊重你這個決定。更重要的是，你自己也要尊重這個決定。這一天你要確保和你的家人或者朋友待在一起，或者只是看看報紙、喝杯咖啡，讓你的心從工作上暫時離開，以實現身心的放鬆。

▌私人生活的事前規劃

有一個人曾經跟我說：「我還沒有準備好享受私生活。因為我尚未制定下足夠的規則，我太擔心它會影響我的事業了。」

如果你需要在週六出差，那麼，就不要在週五晚上還想著能找到其他員工週末為你工作了。出差之前的短暫私人時光，就別用來掛念工作的事情了。如果你不想因為沒有想到如何度過週五晚上而讓自己整晚只是待在家裡看書消磨時光的話，那你就必須事前對私人生活的內容有所規劃。

當然，即便你提前制定好嚴格的規矩，有的時候也不得不違反。因為你的優先順序是「客戶、公司、個人」，在此原則下，有時候你不得不讓個人生活退居工作之後。不過，立下規則依然是有必要的，它的最大好處就是，由於你事先立下了這個規矩，那麼你自己和你周圍的人，包括你的老闆、同事、配偶、孩子等，都會知道什麼時候你最可能有時間。

麥肯錫文案寫作與溝通技巧：
構建邏輯、傳達清晰、影響決策，掌握商業文案和有效溝通的策略

作　　者：謝東江

發 行 人：黃振庭

出 版 者：財經錢線文化事業有限公司

發 行 者：財經錢線文化事業有限公司

E-mail：sonbookservice@gmail.com

粉 絲 頁：https://www.facebook.com/sonbookss/

網　　址：https://sonbook.net/

地　　址：台北市中正區重慶南路一段六十一號八樓 815 室

Rm. 815, 8F., No.61, Sec. 1, Chongqing S. Rd., Zhongzheng Dist., Taipei City 100, Taiwan

電　　話：(02)2370-3310

傳　　真：(02)2388-1990

印　　刷：京峯數位服務有限公司

律師顧問：廣華律師事務所 張珮琦律師

―版權聲明――――――――

定　　價：399 元

發行日期：2024 年 02 月第一版

國家圖書館出版品預行編目資料

麥肯錫文案寫作與溝通技巧：構建邏輯、傳達清晰、影響決策，掌握商業文案和有效溝通的策略 / 謝東江 著 . -- 第一版 . -- 臺北市：財經錢線文化事業有限公司 , 2024.02

面；　公分

POD 版

ISBN 978-957-680-753-4(平裝)

1.CST: 溝通技巧 2.CST: 商務傳播 3.CST: 商業應用文 4.CST: 職場成功法

494.35　113000602

電子書購買

臉書

爽讀 APP